Prävention und Bekämpfung
von Marken- und Produktpiraterie

Klaus Michael Grigori

Prävention und Bekämpfung von Marken- und Produktpiraterie

Leitfaden für Analysen, Ermittlungen und Schutzstrategien

 Springer Gabler

Klaus Michael Grigori
Rosenheim
Deutschland

ISBN 978-3-658-05458-8   ISBN 978-3-658-05459-5 (eBook)
DOI 10.1007/978-3-658-05459-5

Die Deutsche Nationalbibliothek verzeichnet diese Publikation in der Deutschen Nationalbibliografie; detaillierte bibliografische Daten sind im Internet über http://dnb.d-nb.de abrufbar.

Springer Gabler
© Springer Fachmedien Wiesbaden 2014

Gedruckt auf säurefreiem und chlorfrei gebleichtem Papier

Springer Gabler ist eine Marke von Springer DE. Springer DE ist Teil der Fachverlagsgruppe Springer Science+Business Media
www.springer-gabler.de

Vorwort

In der im Jahr 2013 veröffentlichten Statistik[1] gab die EU-Kommission für Steuern und Zollunion bekannt, dass 2012 ca. 90.000 Beschlagnahmungen bei der Einfuhr in die EU wegen Verdacht auf Marken- und Produktfälschung durchgeführt worden sind. Dabei handelte es sich um ca. 40 Mio. Artikel im Wert von fast einer Milliarde Euro[2], davon hatten 65 % den Ursprung in China. Die letzte Auswertung hat auch Neuzugänge aus Südost- und Osteuropa unter den Verursacherländern aufgezeigt; dazu gehören vor allem Bulgarien, Griechenland und Moldawien.[3] Verfolgt man die Statistiken, kann man seit 2009 einen Anstieg der Fälle um mehr als 100 % beobachten. Aus der letzten Statistik lässt sich allerdings auch ablesen, dass die Anzahl der Fälle im letzten Jahr gesunken ist. Dieses Ergebnis ist allerdings mit Vorsicht zu genießen! Denn durch den wachsenden Internethandel werden die Waren vermehrt in kleinen Sendungen in die EU eingeführt.[4] Dies erschwert einerseits die Entdeckung und verringert andererseits die Ausbeute bei einer erfolgreichen Beschlagnahme. Die Abb. 1) zeigt die Zunahme der registrierten Fälle sowie die gesunkene Zahl der beschlagnahmten Artikel.

Diese Statistiken erfassen allerdings nur die grenzüberschreitenden Importe in die EU. Was hier nicht erscheint, sind die Fälle, die innerhalb der Grenzen der EU entstehen, die aber nicht von nachrangiger Bedeutung sind. Den Meldungen zufolge wird jedoch auch innerhalb Deutschlands eine erhebliche Anzahl von Rechtsverletzungen begangen.

Nach Schätzungen einer Untersuchung der Organisation for Economic Cooperation and Development (OECD) mit dem Titel „The Economic Impact of Counterfeiting and Pi-

---

[1] Die Europäische Kommission veröffentlicht jedes Jahr einen Bericht über die Zollbeschlagnahmen von Waren, die im Verdacht stehen, Schutzrechte, wie Warenzeichen, Urheberrechte oder Patente zu verletzen. Diese statistischen Erfassungen werden auf der Grundlage der von den Mitgliedstaaten gemäß Artikel 8 der Verordnung (EG) 1891/2004 der Kommission übermittelten Daten erstellt (Quelle: Europäische Kommission für Steuern und Zollunion).

[2] Vgl. Report on EU customs enforcement of intellectual property rights – Results at the EU border 2012.

[3] Vgl. Report on EU customs enforcement of intellectual property rights – Results at the EU border 2012.

[4] Vgl. http://ec.europa.eu/taxation_customs/customs/customs_controls/counterfeit_piracy/combating/index_de.htm.

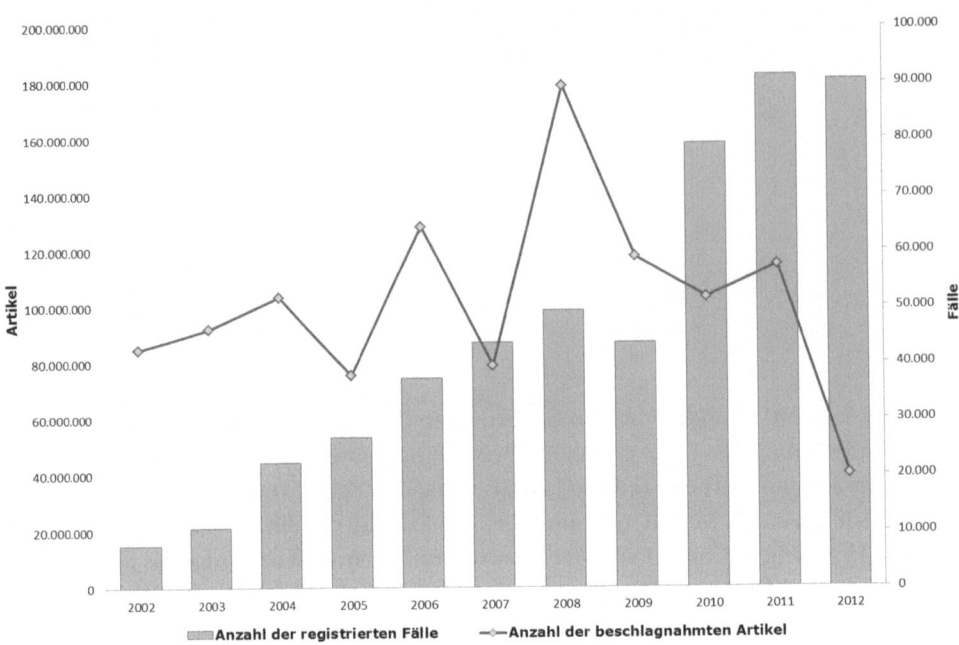

Abb. 1 Anzahl der eingetragenen Fälle und Artikel mit Verdacht auf Produkt- und Markenpiraterie. (Quelle: Bericht 2012 der Europäische Kommission über die Zollbeschlagnahmen von Waren)

racy" (Die wirtschaftlichen Auswirkungen von Marken- und Produktpiraterie) betrug der Anteil von nachgeahmten und unerlaubt hergestellten Waren am Welthandel schon 2007 ca. fünf bis sieben Prozent[5]. Diese Zahlen werden durch den technischen Fortschritt bei der Herstellung und die zunehmende Globalisierung jedes Jahr aufs Neue übertroffen. Die einzelnen Branchen sind zwar unterschiedlich tangiert, es wird aber keine verschont. Beispielsweise beziffert der Verband Deutscher Maschinen- und Anlagenbau e. V. (VDMA) den Schaden für seine Branche auf 7,9 Mrd. € pro Jahr.[6] Dies entspricht im deutschen Maschinen- und Anlagenbau vergleichsweise dem Umsatz von vier bis fünf großen mittelständischen Unternehmen mit je ca. 6.000 bis 7.000 Mitarbeitern.

Marken- und Produktpiraterie ist somit ein ernstzunehmendes Risiko für Volkswirtschaften, Wirtschaftsunternehmen aber auch für den Verbraucher, denn es ist nicht alleine der direkte ökonomische Schaden, der die Unternehmen zum Handeln zwingt. Die Gefahr für den Verbraucher, z. B. wenn mangelnde Qualität gesundheitsschädigend wirkt oder sogar lebensbedrohliche Auswirkungen hat, ist ein weiteres Risiko. Dabei sind Produkte wie Bremsen vom Auto, Kinderspielzeug oder medizinische Produkte nur wenige offensichtliche Beispiele, wo Fälschungen gefährlich werden können.

---

[5] Vgl. OECD 2008, 71 f.

[6] Vgl. VDMA-Umfrage Produkt- und Markenpiraterie 2012 (Der VDMA führt unter den Mitgliedsunternehmen alle zwei Jahre eine Studie zum Thema Produkt- und Markenpiraterie durch und veröffentlicht diese).

Wird eine Markenrechtsverletzung beim Kauf oder der Nutzung eines Produktes nicht als solche erkannt, haben die qualitativen Mängel der Kopie neben dem Sicherheitsrisiko auch negative Auswirkungen auf das Markenimage. Für einzelne Unternehmen können solche Szenarien sogar eine existenzielle Bedrohung bedeuten. Es sind nicht unbedingt nur die Hersteller, die darunter leiden, Italiens Kaufleuteverband Confcommercio beziffert den Verlust für den Einzelhandel wegen Plagiaten auf über 3,3 Mrd. € und sieht hierdurch eine Bedrohung in Italien für jährlich 43.000 Geschäfte und 79.000 Jobs.[7] Auch die Behörden und die Politik haben den Handlungsbedarf erkannt und bieten verschiedene Instrumente als Hilfe für die Bekämpfung der Marken- und Produktpiraterie an. In Kap. 7 werden die wichtigsten Verbände und Organisationen genannt.

Produktpiraten tragen kein unternehmerisches Risiko, es werden meistens Produkte kopiert, die besonders lange Entwicklungszeiten haben, innovativ und teuer sind oder einen hohen Absatz genießen. Durch die Verwendung von qualitativ minderwertigen Halbzeugen und Rohstoffen erreichen sie besonders günstige Verkaufspreise und stehen in direkter Konkurrenz zu dem Originalhersteller. Dieser kann den Wettbewerbsvorteil der Produktpiraten, welcher durch die Einsparung in der Produktentwicklung, in den Marketingaktivitäten oder in der Produktqualität erzielt wird, jedoch oft nicht mehr kompensieren. Neben dem Verlust von Marktvolumen durch den unfairen Wettbewerb leidet oft auch die Marge für Originalprodukte durch das Preisdumping.

▶ Für ein wirkungsvolles Vorgehen gegen Fälschungen gibt es keine Musterlösung, die auf alle Unternehmen und Produkte zutrifft. Jedes Produkt oder Geschäftsmodell muss einzeln betrachtet werden und jedes Unternehmen muss individuell seine diesbezüglichen Risiken und Lücken identifizieren, um dann eine maßgeschneiderte Gegenstrategie zu entwickeln.

Der unmittelbare Einsatz juristischer Mittel ist oft nur zur „symptomatischen" Bekämpfung der Marken- und Produktpiraterie geeignet, um den Schaden nachhaltig und effektiv einzudämmen, ist ein ganzheitlicher Ansatz notwendig. Das Konzept muss bereits in der Produktentstehung ansetzen, um dann über die Produktion- und Logistikkette und den Absatzmarkt beim Kunden und Verbraucher zu enden.

Die Entwicklung von Lösungen zur Bekämpfung von Produktfälschungen ist in den seltensten Fällen auf ein einziges Fachgebiet begrenzt. Damit wirksame Maßnahmen ermittelt werden können, ist das Zusammenwirken verschiedener Stellen im Unternehmen erforderlich, dazu gehören z. B. die Patent- und Markenrechtverantwortlichen, die betrieblichen Ermittler, die Produktmanager aber auch die Entwicklungsingenieure.

Durch das notwendige weite Spektrum an Wissensgebieten und Einflussgrößen müssen sich die Verantwortlichen oft zusätzliches Wissen aneignen, um zielgerichtet agieren zu können. Neben dem Wissen über Eigenschaften und Beschaffenheit von Produkten sollten

---

[7] http://diepresse.com/home/wirtschaft/international/1475074/47000-Kaufleute-in-Italien-von-Pleite-gefaehrdet.

sie über ein Grundwissen zu den einschlägigen gesetzlichen Grundlagen und forensischen Untersuchungen verfügen sowie einige „Soft Skills" wie technisches Verständnis, interkulturelle Kompetenz und analytisches Denken mitbringen.

▶   Dieses Buch soll neben den einschlägigen gesetzlichen und technischen Grundlagen eine systematische Vorgehensweise vermitteln, um ein wirkungsvolles Konzept zur Prävention und Bekämpfung der Marken- und Produktpiraterie zu erstellen. Verschiedene Praxisbeispiele tragen zum Verständnis der Thematik bei und veranschaulichen die Lösungsansätze, die in diesem Buch vorgestellt werden. Dabei werden auch die typischen Instrumente und Empfehlungen aus dem klassischen Projektmanagement aufgezeigt, um eine Lösung gezielt anzusteuern.

Für den einen oder anderen betroffenen Markenrechtinhaber bleibt dann noch intern die Frage zu klären, wer die Leitung für diese Aufgabe übernehmen soll. Ist es die Patentabteilung, sind es die Verantwortlichen für die Unternehmenssicherheit oder ist es der Projektmanager? Oder bleibt dieses sensible Thema Chefsache?

Inhaltsverzeichnis

Über die Autoren

 **Klaus Michael Grigori** ist Maschinenbau- und Wirtschaftsingenieur und hat sich nach seiner zwölfjährigen Offizierslaufbahn zu den Themen Schutz gegen Produkt- und Markenpiraterie, Business Continuity Management, Krisenmanagement, Unternehmenssicherheit sowie Arbeits- und Umweltschutz qualifiziert und auf diese spezialisiert.

Weiterführende fachliche Expertise und praktische Erfahrung sammelte er bei führenden Halbleiter- und Elektrounternehmen, in denen er entsprechende Rollen auf internationalem Terrain ausfüllte. Durch sein Mitwirken in Verbänden und Arbeitsgruppen auf nationaler und auf EU-Ebene sowie durch die Zusammenarbeit mit Behörden in Programmen zur Bekämpfung von Marken- und Produktpiraterie konnte er seine Sichtweise über die Unternehmensebene hinaus erweitern.

Die Kombination von technischem Verständnis, betriebswirtschaftlichen Überlegungen, juristischen Grundlagen sowie strategischem und analytischem Denken stellt für den Autor die Weichen für die ganzheitliche Aufbereitung der Thematik „Marken- und Produktpiraterie".

Abkürzungsverzeichnis

AHK	Deutsche Außenhandelskammer
AIC	Administration for Industry and Commerce
APM	Aktionskreis Deutsche Wirtschaft gegen Produkt- und Markenpiraterie e. V.
B2B	Business to Business
B2C	Business to Customer
BKA	Bundeskriminalamt
BMWi	Bundesministerium für Wirtschaft und Energie
C2C	Customer to Customer
CCC	China Compulsory Certification
CDP	Copy Detection Pattern
DIHK	Deutscher Industrie- und Handelskammertag
DNA	Deoxyribonucleic Acid
DPMA	Deutsches Patent- und Markenamt
E-Business	Electronic Business
EPÜ	Europäisches Patentübereinkommen
EU	Europäische Union
F&E	Forschung und Entwicklung
GAC	General Administration of Customs
IP	Intellectual Property
IR-Marken	international registrierte Marken
KMU	Kleine und Mittelständische Unternehmen
MarkenG	Markengesetz
OECD	Organization for Economic Cooperation and Development
OEM	Original Equipment Manufacturer
PatG	Patentgesetz
PCT	Patent Cooperation Treaty
PSB	Public Security Bureau
QBPC	Quality Brand Protection Committee
RFID	Radiofrequenz Identifikation
TMO	Trademark Organization
TRAB	Trademark Review and Adjucation Board

UrhG   Urhebergesetz
VDMA   Verband Deutscher Maschinen- und Anlagenbauer
VO   Verordnung
VR   Volksrepublik
WIPO   World Intellectual Property Organization
WTO   World Trade Organization

Definition der Marken- und Produktpiraterie

1

Zusammenfassung

In diesem Kapitel werden die zentralen Begriffe Marken- und Produktpiraterie anhand rechtlicher Grundlagen und Beispiele erläutert.

1.1 Definition der „Markenpiraterie"

▶ **Markenpiraterie** ist ein umgangssprachlicher Begriff, der eine Verletzung der Markenrechte umschreibt, bei welcher ein Dritter unrechtmäßig eine durch das Gesetz geschützte Marke eines rechtmäßigen Inhabers gewerblich nutzt.

Der Erwerb der Rechte an einer Marke und der damit verbundene Schutz sind ein nationales Recht und in der Bundesrepublik Deutschland im „Gesetz über den Schutz von Marken und sonstigen Kennzeichen" (Markengesetz – MarkenG) festgeschrieben.

Markenrechtsverletzung

Abgeleitet aus dem § 14 des Markengesetz liegt eine Markenrechtsverletzung und damit Markenpiraterie vor, wenn ein Dritter ohne Zustimmung des Inhabers der Marke im geschäftlichen Verkehr[1]:

- ein mit der Marke identisches Zeichen für Waren oder Dienstleistungen benutzt, das mit demjenigen identisch ist, für die ein Schutzrecht angemeldet ist,
- ein Zeichen benutzt, welches wegen der Identität oder Ähnlichkeit des Zeichens mit der Marke und der Identität oder Ähnlichkeit der durch die Marke und das Zeichen erfassten Waren oder Dienstleistungen für das Publikum die Gefahr von Verwechslungen besteht oder

---

[1] Quelle: Markengesetz (Stand: 31.8.2013), § 14 f.

K. M. Grigori, *Prävention und Bekämpfung von Marken- und Produktpiraterie*, DOI 10.1007/978-3-658-05459-5_1, © Springer Fachmedien Wiesbaden 2014

- ein mit der Marke identisches Zeichen oder ein ähnliches Zeichen für Waren oder Dienstleistungen benutzt, die nicht denen ähnlich sind, für die die Marke Schutz genießt, wenn es sich bei der Marke um eine im Inland bekannte Marke handelt und die Benutzung des Zeichens die Unterscheidungskraft oder die Wertschätzung der bekannten Marke ohne rechtfertigenden Grund in unlauterer Weise ausnutzt oder beeinträchtigt.

Bei Produkten von fremder Herstellung und unrechtmäßig angebrachtem geschützten Markenzeichen ist der Sachverhalt einer Markenrechtsverletzung deutlich erkennbar. In einigen Fällen ist diese klare Situation aufgrund eines indirekten Eingreifens in das Markenrecht des Originalherstellers nicht gegeben.

Beispiel A: Originalprodukte, bei denen die Herstellerangaben durch Nicht-Autorisierte verändert wurden, z. B.: Auf dem Etikett wird die Leistung eines Aggregates hochgesetzt und mit einem Preisaufschlag wieder in den Verkehr gebracht.

Beispiel B: Durch Dritte ohne Genehmigung weiterverarbeitete und bearbeitete Originalprodukte, z. B.: Aus einer Original-Equipment-Manufacturer(OEM)[2]-Anlage werden Elemente entfernt, mit billigeren Austauschteilen ersetzt und wieder als Originalprodukt weiter vertrieben.

Beispiel C: Originalprodukte, bei denen das eigene Markenzeichen unrechtmäßig von Dritten angebracht wurde, z. B.: Eine Firma verkauft B-Ware ohne Markenkennzeichnung, um das Image der A-Ware nicht zu gefährden. Eine nachträgliche Anbringung der Marke durch Dritte, obwohl ein Originalprodukt vorliegt, wäre auch unzulässig.

Auch sogenannte Grau- oder **Parallelimporte** können eine Markenrechtsverletzung darstellen. Parallelimporte sind Produkte des Originalherstellers, die eigens für einen bestimmten Markt hergestellt werden, um den dortigen Marktanforderungen besser zu entsprechen. Dies ist z. B. der Fall, wenn Produkte unterschiedlicher Qualität und Preisgestaltung für definierte Absatzgebiete hergestellt werden. Sofern der Rechteinhaber der Marke dem Import der Produkte außerhalbdes vorbestimmten Landes oder der Region nicht zugestimmt hat, ist dies eine Markenrechtsverletzung.

Beispiel Markenpiraterie: gefälschte Autofelgen

Ein deutscher Hersteller hat Autofelgen der Tuning-Werkstatt AC Schnitzer kopiert. Abb. 1.1 zeigt den Vergleich der beiden Felgen. Die gefälschte AC-Leichtbaufelge fiel beim Belastungstest des TÜV Nord durch. Nach 182.500 Lastwechseln (Reaktion eines Fahrzeugs beim Gasgeben oder Gaswegnehmen) bildeten sich Risse. Für ein positives

---

[2] Original Equipment Manufacturer (OEM) = Erstausrüster oder Originalhersteller, der die Produkte in seinen eigenen Produktionsstätten fertigt.

Abb. 1.1 Beispiel Markenpiraterie (links das Original, rechts die Fälschung). (Quelle: Aktion Plagiarius e. V)

TÜV-Ergebnis muss eine Felge mindestens 200.000 Lastwechsel überstehen, ohne zu reißen.[3]

Abgeleitet aus den oben genannten Bestimmungen liegt jedoch keine Markenrechtsverletzung vor, wenn regulär erworbene Originalprodukte weiterverarbeitet werden oder in andere Produkte mit einem anderen, eigenen Markennamen eingebaut werden.

1.2   Definition der „Produktpiraterie"

▶ **Produktpiraterie** stellt im übertragenen Sinne eine Patentrechtsverletzung dar und die Definition richtet sich nach den Bestimmungen des Patentgesetzes.

Verletzung von Schutzrechten

Demnach liegt eine Verletzung der Schutzrechte und somit Produktpiraterie vor, wenn jemand ohne die ausdrückliche Genehmigung des Produktherstellers:

- entgegen den §§ 9 bis 13 des Patentgesetzes eine patentierte Erfindung benutzt[4],
- ein Erzeugnis, das Gegenstand des Patentes oder des ergänzenden Schutzzertifikates ist, (§ 9 Satz 2 Nr. 1), herstellt oder anbietet, in Verkehr bringt, gebraucht oder einführt oder

---

[3] Quelle: http://www.spiegel.de.

[4] Quelle: § 9 ff. Patentgesetz (Stand: 31.8.2013) und § 139 Patentgesetz (Stand: 31.8.2013).

- ein Verfahren, das Gegenstand des Patentes oder des entsprechenden Schutzzertifikats ist, (§ 9 Satz 2 Nr. 2), anwendet oder zur Anwendung anbietet[5].

Auch in diesem Fall kann man ableiten, dass keine Patentrechtsverletzung vorliegt, wenn:

- regulär erworbene Originalprodukte mit einem eigenen, anderen Markennamen versehen werden (z. B. Treibstoff der Firma Awird an einer freien Tankstelle angeboten) oder
- Originalprodukte in andere Produkte eingebaut und unter einem anderen, eigenen Markennamen angeboten werden (z. B. Kupplung der Firma A in ein Auto der Firma B).

Bei der Nachahmung von **Geschmacksmustern**[6] bewegt man sich oft im Graubereich. Es werden Nachahmerprodukte angeboten, welche dem Original so ähneln, dass der Verbraucher den Unterschied nicht bemerkt. Rechtlich sind diese schwer zu fassen, erst wenn die Ähnlichkeit zu groß wird, besteht der Sachverhalt einer Geschmacksmusterrechtsverletzung, der auch rechtlich verfolgt werden kann.

---

[5] Quelle: § 9 ff. Patentgesetz (Stand: 31.8.2013) und § 140 ff. Patentgesetz (Stand: 31.8.2013).
[6] Als Geschmacksmuster bezeichnet man das äußere Erscheinungsbild eines Erzeugnisses.

Ausmaß der Marken- und Produktpiraterie

2

Zusammenfassung

In diesem Kapitel werden die Ausmaße sowie die mittelbaren und unmittelbaren Folgen der Marken- und Produktpiraterie dargestellt. Neben den direkten wirtschaftlichen Schäden für das betroffene Unternehmen bzw. den Inhaber der Schutzrechte spielen insbesondere der volkswirtschaftliche Schaden und der potenzielle Schaden beim Verbraucher eine Rolle. Dabei werden zusätzlich zu den unmittelbaren finanziellen Schäden durch Umsatzverluste oder Täuschung auch die möglichen Imageschäden, rechtliche Folgen und gesundheitliche Risiken betrachtet. Zur besseren Einschätzung der Bedrohung und der Risiken durch die Marken- und Produktpiraterie werden Statistiken und Analysen von verschiedenen Organisationen und Verbänden vorgestellt.

2.1 Wirtschaftliche Schäden durch Produktpiraterie

Der (volks-)wirtschaftliche Schaden, der durch Marken- und Produktpiraterie verursacht wird, ist schwer zu bestimmen, nicht zuletzt wegen einer hohen Dunkelziffer. Basierend auf Expertenschätzungen und Befragungen der Ernst & Young AG wird der Schaden für die europäische Konsumgüterindustrie auf jährlich 35 Mrd. € geschätzt. Unternehmen riskieren neben den Umsatzverlusten bei Fälschungen, die nicht als solche erkannt werden, Imageschäden für Produkt und Marke. Zusätzlich verursachen die Fälschungen Schäden für die Volkswirtschaft durch den Verlust von Steuereinnahmen und Arbeitsplätzen[1].

Die Vereinten Nationen schätzen, dass sich das jährliche Volumen des Handels mit gefälschten Waren auf weltweit mehr als 200 Mrd. € beläuft – diese Zahl entspricht übrigens auch dem Volumen des illegalen Drogenhandels[2]. Das Risiko und die Folgen für diejenigen, die bei der Herstellung und dem Vertrieb von Fälschungen entdeckt werden,

---

[1] Vgl. Ernst & Young AG 2008, Studie zur Marken- und Produktpiraterie.

[2] Quelle: http://ec.europa.eu/enterprise/magazine/index_de.htm (4/2013).

K. M. Grigori, *Prävention und Bekämpfung von Marken- und Produktpiraterie,*
DOI 10.1007/978-3-658-05459-5_2, © Springer Fachmedien Wiesbaden 2014

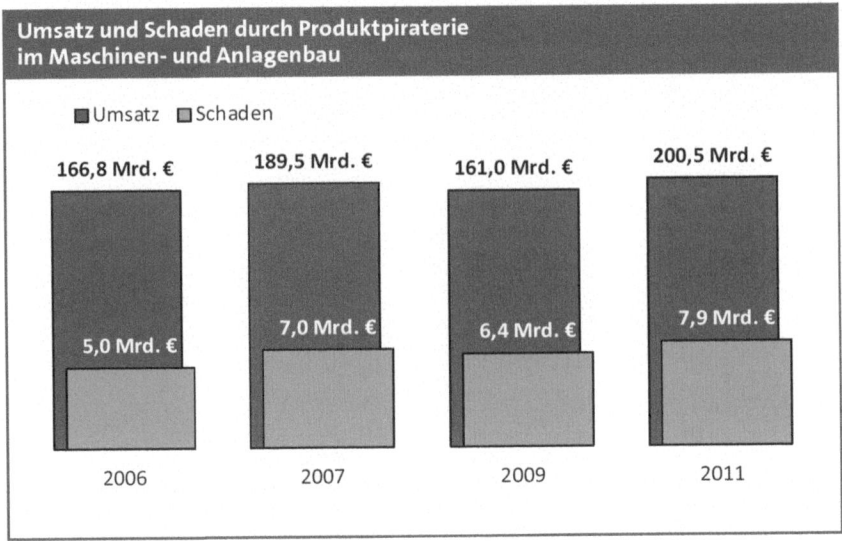

Abb. 2.1 Schaden durch Produktpiraterie und resultierender Umsatzverlust. (Quelle: VDMA-Umfrage Produkt- und Markenpiraterie 2012)

sind jedoch im Vergleich zum Drogenhandel fast vernachlässigbar. Es gibt auch andere Schätzungen, die von einem jährlichen Handelsvolumen mit gefälschter Ware von bis zu 500 Mrd. € ausgehen.

Der gesamte volkswirtschaftliche Schaden ist durch den Wegfall von Arbeitsplätzen, entgangene Steuereinnahmen und gegebenenfalls durch von Plagiaten verursachte Schäden bedeutend höher als der Umsatz. Allein für Deutschland wird der volkswirtschaftliche Schaden auf jährlich zwischen 45 und 50 Mrd. € geschätzt und rechnet man diese Zahl nach gängigen Faustformeln in Arbeitskapazität um, entfallen über 200.000 Arbeitsplätze durch Produkt- und Markenpiraterie.

Die Reklamationen und Sicherheitsmängel durch Plagiate sind seit einigen Jahren stark angestiegen, weshalb sich nun auch viele brancheneigene Organisationen mit dem Thema befassen. Vor allem die Sensibilisierung der Unternehmen steht im Vordergrund.

Betrachtet man die Ergebnisse aus der VDMA-Umfrage zur Produkt- und Markenpiraterie (s. Abb. 2.1), ergibt sich folgendes Bild für Deutschland[3]:

- Mehr als zwei Drittel der befragten Investitionsgüterhersteller sind betroffen, bei Unternehmen mit mehr als 1000 Mitarbeiter sind es sogar neun von zehn,
- Textilmaschinen, Kompressoren, Druckluft- und Vakuumtechnik sowie Kunststoffmaschinen sind am stärksten betroffen,
- Vor allem Ersatzteile und Komponenten werden plagiiert,

---

[3] Vgl. VDMA-Umfrage Produkt- und Markenpiraterie 2012.

- China ist als Herstell- und Vertriebsregion für Plagiate erstmals rückläufig, dafür legen Plagiate aus Deutschland stark zu,
- Der geschätzte Schaden für den deutschen Maschinen- und Anlagenbau beträgt ca. 7,9 Mrd. € im Jahr, dieser Umsatzverlust entspricht knapp 37.000 Arbeitsplätzen in der Branche,
- Die Masse der Unternehmen wird von Kunden auf Plagiate aufmerksam gemacht.

Die Unternehmensberatungsfirma CORPORATE TRUST Business Risk & Crisis Management GmbH startete 2010 eine Umfrage innerhalb mittelständischer Unternehmen, um zu erfassen, welche klassischen Sicherheitsrisiken bzw. Gefahren in den nächsten Jahren für das eigene Unternehmen relevant sein könnten. Die Umfrage ergab, dass Produktpiraterie mit 39 % in Deutschland auch in Zukunft ein hohes Risikopotenzial darstellt (s. Abb. 2.2).

Dieses Risiko nimmt bei einer Geschäftstätigkeit im Ausland um 20 % zu und steht häufig im Zusammenhang mit ausländischen Geschäftspartnern (z. B. Auftragsfertiger, die die Produktion in zusätzlichen Schichten laufen lassen). Trotzdem treffen nur die wenigsten Unternehmen (20 %) ausreichende Vorsorge oder führen einen Background-Check des jeweiligen Geschäftspartners durch.[4]

Die Verletzung eines Schutzrechts wirkt sich in mehrfacher Weise auf mikro- und makroökonomischer Ebene einer Volkswirtschaft aus. Die Folgen auf mikroökonomischer Ebene können neben den Herstellern der Originalprodukte auch die Verbraucher treffen, denn verringert sich die inländische Nachfrage nach Originalen durch importierte Fälschungen oder werden Exportwaren des inländischen Rechtsinhabers auf globalen Absatzmärkten kopiert und werden dessen Rechte verletzt, so ergeben sich makroökonomische Auswirkungen. Diese entstehen erstens direkt, durch den Rückgang des Steuervolumens aus unternehmerischen Tätigkeiten infolge sinkender Absätze, und zweitens indirekt infolge sinkender Ausgaben in Forschung und Entwicklung (F&E). Kommt es aus diesen Gründen zu einer insgesamt nachlassenden Innovationsdynamik in einzelnen, durch die Piraterie betroffenen Industriesektoren, so kann dies langfristig auch Auswirkungen auf das angebotsseitig getriebene Wirtschaftswachstum der Volkswirtschaft haben. Ergänzend kann eine mangelnde Rechtsdurchsetzung zu einem elementaren Vertrauensverlust bei den Unternehmen in die Funktionsfähigkeit des nationalen oder internationalen Rechtssystems führen. Und was noch hinzu kommt: Der durch die Piraterie ausgelöste Produktionsrückgang kann zu Arbeitsplatzverlusten in diesem Volkswirtschaftsbereich führen und zusätzliche Belastungen der Sozialsysteme zur Folge haben.

Das Bundeskriminalamt stuft die Marken- und Produktpiraterie so ein, dass diese Art des illegalen Geschäftes Züge der organisierten Kriminalität angenommen hat. Die Illegalität des Geschäftes besteht nicht nur in der Herstellung der Fälschungen, sondern auch in der Import-/Export-Problematik und der gesamten Vertriebslogistik bis zum Verbraucher. Es besteht also ein konkreter Zusammenhang zwischen der Produkt- und Markenpiraterie

---

[4] Quelle: Studie Gefahrenbarometer 2010, CORPORATE TRUST Business Risk & Crisis Management GmbH.

Welche dieser klassischen Sicherheitsrisiken bzw. Gefahren sehen Sie in den nächsten Jahren für Ihr Unternehmen in Deutschland und weltweit? [Mehrfachnennungen möglich]

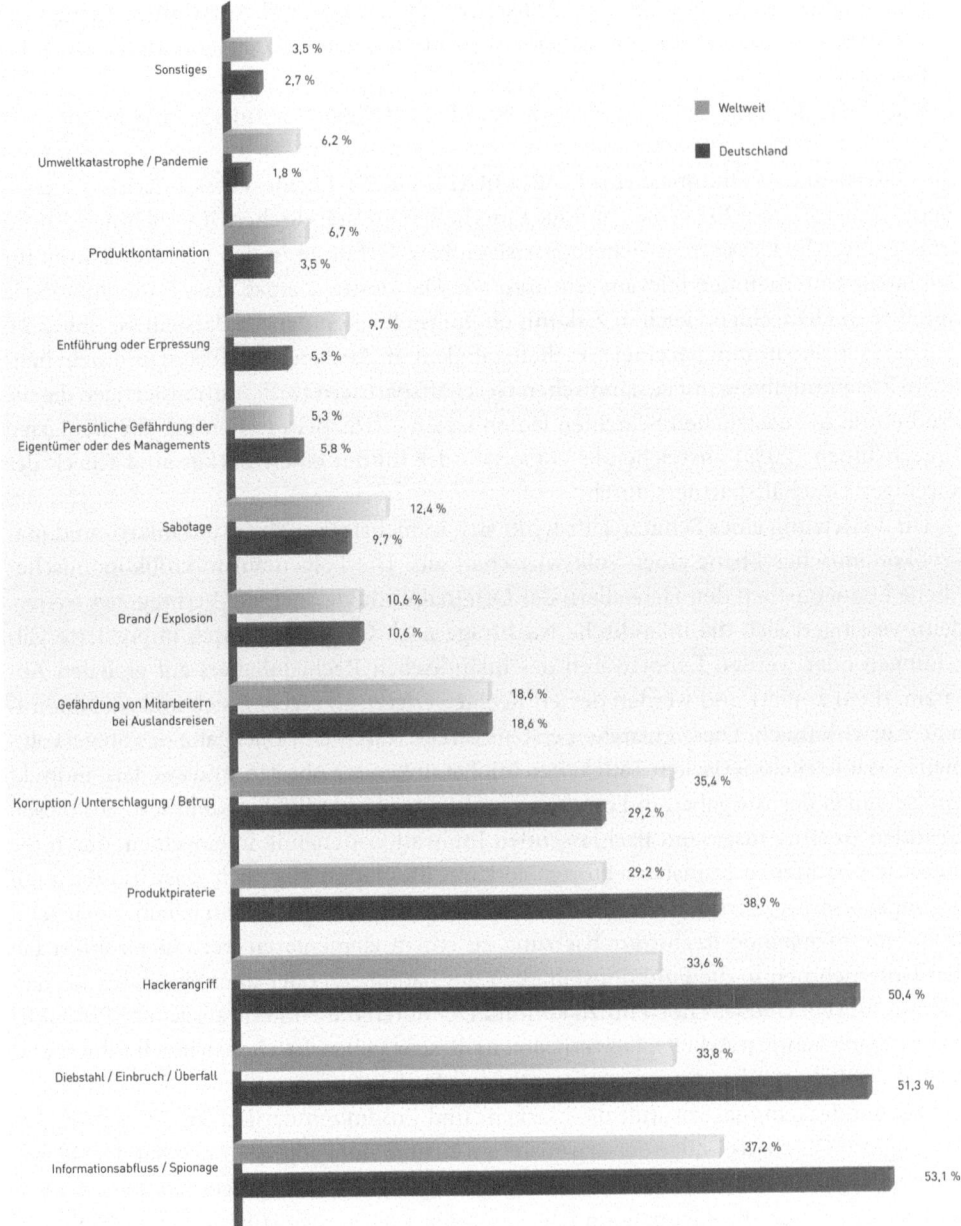

Abb. 2.2 Sicherheitsrisiken für den deutschen Mittelstand. (Quelle: Studie Gefahrenbarometer 2010, CORPORATE TRUST Business Risk & Crisis Management GmbH)

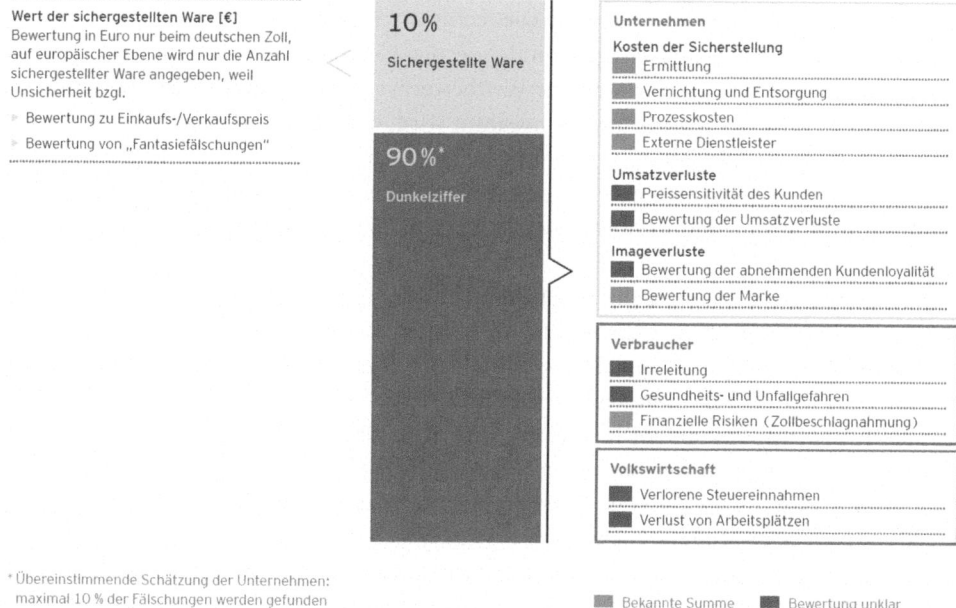

Abb. 2.3 Elemente des Schadens durch Fälschungen. (Quelle: Ernst & Young AG 2008, Studie zur Marken- und Produktpiraterie)

und der organisierten Kriminalität. Wenn Schmuggel und andere rechtswidrige Aktivitäten (u. a. Prostitution, Menschen-, Waffen- und Drogenhandel) damit verbunden werden, kann die Piraterie außerdem zu einer Verschlechterung der Sicherheitslage für die gesamte Bevölkerung führen.[5]

Die Abb. 2.3 stellt eine Zusammenfassung der wesentlichen Risiken dar, die durch Marken- und Produktpiraterie entstehen können. Gleichzeitig zeigt auch die hohe vermutete Dunkelziffer, welches Potenzial hinter diesem Geschäft steckt und wie unwirksam die bisherigen Maßnahmen im Verhältnis zu dem Ausmaß der Gefahr sind.

2.2   Risiken für Unternehmen

Produktpiraten tragen ein wesentlich geringeres unternehmerisches Risiko als die Originalhersteller. Sie beschränken sich auf vorhandene Ideen und Innovationen, sie bauen Produkte nach, die schon Marktreife haben und die besonders beliebt und teuer sind, dadurch entstehen ihnen unter Umständen fast keine Kosten für die Produktentwicklung oder das Marketing. Meist drängen sie auf die schon bekannten und erschlossenen Märkte und versuchen, durch Preisabschläge Anteile zu gewinnen. Die betroffenen Rechteinhaber bzw. originären Produzenten müssen mit einem Einbruch des eigenen Absatzes und damit mit

---

[5] Vgl. Bundesministerium für Wirtschaft und Technologie 2009, Forschungsbericht.

einem Rückgang der Gewinne rechnen. Die rechtswidrige Konkurrenz der Produktpiraten kann zudem dazu führen, dass durch minderwertige Fälschungen das Image des Original-produktes geschädigt wird. Ein weiterer Wettbewerbsvorteil der Produktpiraten entsteht, wenn auch technisches Know-how nachgeahmt wird, ohne dass dafür notwendige Inves-titionen in die Forschung und Entwicklung getätigt werden, denn für die Produktpiraten kann dies außerdem auch einen enormen Zeitvorteil bedeuten, wenn in diesem Zusam-menhang nicht erst zeitaufwendige Forschungs- und Entwicklungsprozesse durchlaufen werden müssen.[6]

Zusammenfassend kann man die Schäden der durch Produktpiraterie betroffenen Un-ternehmen in mehrere Bereiche gliedern:

Finanzieller Verlust – Es entsteht ein direkter finanzieller Verlust durch entgangenes Verkaufsvolumen, durch eventuelle Regressansprüche und Reklamationen von Kunden, falls die Fälschung nicht als solche erkannt wird. Es entstehen Kosten für die Analyse von Retouren, Ermittlungen, Rechtsstreit und Maßnahmen gegen Produktpiraterie. Bei starker Marktdurchdringung ist auch ein Preisdumping zu erwarten, da die Fälschungen im Re-gelfall zu mehr oder weniger niedrigeren Preisen angeboten werden.

Der finanzielle Verlust kann auch indirekt durch den Wertverlust oder Abnutzung der Marke entstehen. Dieses Risiko besteht z. B. bei Modeartikel. Wenn viele Personen ein bestimmtes Accessoire besitzen wird ein „echter" Kunde welcher eigentlich bereit ist die Originalware zu kaufen gegebenenfalls davon absehen, weil diese kein Alleinstellungs-merkmal mehr bedeutet.

Imageschaden – Es entsteht ein idealer Schaden, vor allem wenn die Fälschung nicht als solche identifiziert wird. Die meist minderwertige Qualität des Plagiates bewirkt beim Kunden einen Vertrauensverlust in das Produkt, längerfristig einen Schaden für das Mar-kenimage und führt letztlich zur Abwendung der Kunden. Der Imageschaden ist umso größer, je sensiver das Produkt ist.

Rechtliche Konsequenzen – Wenn die Fälschung nicht als solche identifiziert wird, können auch gewährleistungs- und produkthaftungsrechtliche Konsequenzen auf den Unternehmer oder Händler zukommen. Oft können weitergehende Ermittlungen den Sachverhalt zwar aufklären, doch bei medienrelevanten Ereignissen bleibt durch die erste Berichterstattung am Originalhersteller trotzdem ein negative belastetes Image hängen.

Ein weiteres Problem für den Schutzrechteinhaber oder den Händler kann durch die Haftung wegen unterlassener Pirateriebekämpfung entstehen, vor allem wenn den Akteu-ren nachweislich bekannt war, dass sich Fälschungen im Umlauf befinden. In verhandelten Fällen aus der Vergangenheit ist die Haftung jedoch meistens dem Händler zugesprochen worden, da hier die notwendige Sorgfalt bei dem Bezug von Ware außer Acht gelassen wurde. Vom Originalhersteller kann rein rechtlich nicht verlangt werden, das kriminelle Verhalten Dritter zu verantworten, wenn er nach einer ordentlichen Warenausgangsprü-fung die Ware dem freien Markt überlässt.[7]

---

[6] Vgl. Bundesministerium für Wirtschaft und Energie 2009, Forschungsbericht.

[7] Vgl. von WELSER/GONZALES 2007, S. 49 f.

Abb. 2.4 Der deutsche Zoll beschlagnahmt gefälschte Viagra-Tabletten. (Quelle: www.zoll.de Pressebericht vom Hamburg, 26. Juni 2013)

2.3 Risiken für Verbraucher und Gemeinwesen

Neben den beschriebenen volkswirtschaftlichen und unternehmerischen Gefahren geht von den Plagiaten auch eine Gefährdung des Verbrauchers und des Gemeinwesens aus.

Für den Verbraucher können gesundheitliche Risiken, z. B. durch minderwertige Arzneimittel, durch die Verwendung giftiger Stoffe oder durch Versagen sicherheitsrelevanter Anlagen entstehen, auch er riskiert einen wirtschaftlichen Schaden beim Erwerb von Piraterieware. Da die Fälschungen im Regelfall die versprochene Gegenleistung nicht einhalten oder sogar durch Versagen weitere Sachschäden verursachen, können dem Verbraucher finanzielle Nachteile entstehen.

Die Abb. 2.4 zeigt ein Bild von einer Beschlagnahme durch den deutschen Zoll. Dabei wurden 102.000 gefälschte Viagra-Tabletten in Container mit Polstermöbeln aus China im Hamburger Hafen sichergestellt. Die Tabletten haben einen geschätzten Schwarzmarktwert von bis zu 500.000 €. Bei der angegebenen Empfänger-Adresse handelt es sich lediglich um ein leer stehendes Gebäude mit einem Briefkasten.[8]

Aus einer Studie des Mark Monitor[9] geht hervor, dass das Angebot und die Nachfrage nach illegalen Arzneien und fragwürdigen Medikamente in den vergangenen Jahren dramatisch angestiegen sind. So ist die Bundesrepublik Deutschland hinter den USA der zweitgrößte Absatzmarkt zweifelhafter Online-Apotheken. Diese missbrauchen immer häufiger populäre Pharma-Marken und bieten Plagiate in minderwertiger Qualität an. Hier kann nur durch Aufklärung und Sensibilisierung entgegengewirkt werden.

Die Modeindustrie zählt zu den am stärksten von Produktpiraterie betroffenen Branchen. Selbst die häufig mangelhafte Qualität gefälschter Produkte und eine mögliche ge-

---

[8] Quelle: www.zoll.de Pressebericht vom Hamburg, 26. Juni 2013.

[9] www.markmonitor.com.

sundheitliche Schädigung halten Verbraucher nicht ausreichend von dem Kauf von Fälschungen ab.

Auch im Gemeinwesen sind die negativen Auswirkungen der Produktpiraterie deutlich spürbar. Infolge dieser Schattenwirtschaft ergeben sich folgende Nachteile für die Absatz- und Herstellerländer:[10]

- Steuerausfälle,
- fehlende Sozialversicherungseinnahmen,
- fehlende soziale Absicherung der Arbeitnehmer in der Fälscherbranche,
- fehlender Umweltschutz,
- Missachtung des Arbeitsschutzes und
- schlechtes Investitionsklima in Piraterieländern.

Die Plagiate können auch Umweltrisiken auf der Verbraucherseite bedingen, wenn z. B. durch fehlerhafte Anlagen und Einrichtungen umweltgefährdende Prozesse ausgelöst werden.

Da die Herstellung von Fälschungen zum Teil schwer zu kontrollieren ist, kann eine gegenläufige Wirkung durch erhöhte Aufklärung der Verbraucher erreicht werden. Auch Produktpiraten müssen wirtschaftlich arbeiten und brauchen einen entsprechenden Absatz – trocknet dieser Markt aus, so sind die Chancen auf einen Rückgang der Produktpiraterie gegeben.

---

[10] Vgl. von WELSER/GONZALES 2007, S. 53 f.

Gesetzliche Grundlagen in Deutschland und der EU

3

Zusammenfassung

In diesem Kapitel werden die gesetzlichen Grundlagen in Deutschland und der Europäischen Union für den Erwerb und die Durchsetzung von Schutzrechten im Rahmen des gewerblichen Rechtsschutzeserläutert. Nach einer Übersicht über die verschiedenen Schutzrechte werden ein paar Kernaussagen aus dem Gebiet Markenrecht und dem Patentrecht vorgestellt. Die Möglichkeiten zur Durchsetzung von Schutzrechten wie z. B. die zivilrechtlichen Ansprüche des Schutzrechteinhabers und potenzielle strafrechtliche Sanktionen gegen den Rechtsverletzer runden dieses Bild ab. Als besonderes Werkzeug zur Bekämpfung der Marken- und Produktpiraterie wird das Grenzbeschlagnahmeverfahren im Detail beschrieben. Verschiedene Hinweise und Erfahrungswerte sollen eine effektive Nutzung dieses Zollprogramms erleichtern. Insbesondere die Beschreibung des Vorgehens der Behörden sowie die Chancen und Risiken dieses Verfahrens sollen bei der Entscheidung zum Antrag auf Tätigwerden der Zollbehörden helfen.

3.1 Aktuelle Rechtslage/-entwicklung

Der gewerbliche Rechtsschutz umfasst folgende wichtigeSchutzarten:

- Patentschutz,
- Schutz von Gebrauchsmustern,
- Schutz von Geschmacksmustern,
- Markenschutz,
- Halbleiterschutz und
- Sortenschutz usw.

Es gibt auch noch weitere Schutzrechte wie z. B. das Urheberrecht zum Schutz geistiger Schöpfungen oder das Namensrecht, das Recht am eignen Bild usw., der Schwerpunkt des

K. M. Grigori, *Prävention und Bekämpfung von Marken- und Produktpiraterie,*
DOI 10.1007/978-3-658-05459-5_3, © Springer Fachmedien Wiesbaden 2014

Tab. 3.1 Schutzarten mit ihren Besonderheiten. (eigene Darstellung; Quelle: Cohausz und Wupper 2010, 15 f.)

Werke der Literatur, Wissenschaft und Kunst	*Gewerblicher Rechtsschutz*		
	Designschutz	Schutzrechte für technische Erfindungen	Schutzrecht für Namen und Kennzeichen
Urheberrecht	*Geschmacksmuster*	*Patent*	*Gebrauchsmuster*	*Marke*
z. B. Bilder, Melodien, Romane, Software	z. B. Kombination von Formen und Farben	Technische Innovation, Neuheit	Technische Innovation, Neuheit Keine Verfahren	z. B. Geschäftliche Bezeichnungen, Warennamen, Dienstleistungen
Anmeldung nicht möglich	Anmeldung erforderlich			
70 Jahre nach dem Tod des Urhebers	25 Jahre 5 + 5 + 5 + 5 + 5	20 Jahre Ab 3. Jahr jährlich	10 Jahre 3 + 3 + 2 + 2	10 Jahre + 10 Jahre beliebig oft verlängerbar
©Copyright	ⓓGeschmM	ⓟDBP Patent	ⓤDBGM Gebrauchsmuster	®TM

Buches liegt aber auf dem gewerblichen Schutzrecht, da dieses im Rahmen der Marken- und Produktpiraterie die überwiegende Bedeutung hat.

Im Gegensatz zum Urheberrecht entstehen die gewerblichen Schutzrechte im Regelfall erst, nachdem eine Anmeldung erfolgt ist und ein förmlicher Antrag beim Patentamt gestellt wurde. Tabelle 3.1 zeigt eine Übersicht der wichtigsten Schutzarten sowie deren Besonderheiten.

Das **Markengesetz** gewährt dem Inhaber einer Marke auch dann Markenschutz, wenn eine sogenannte Benutzungsmarke vorliegt, die nicht ins Register eingetragen ist, sondern aufgrund der Verkehrsgeltung eine Schutzwirkung erwirbt (§ 4 Nr. 2 MarkenG). Auflage ist hier, dass die Marke als Name oder auch als Zeichen innerhalb „beteiligter Verkehrskreise" als Marke Verkehrsgeltung erworben hat.[1]

Seit 1993 ist es in der Europäischen Union möglich, eine Gemeinschaftsmarke mit einem einzigen Verfahren einzutragen, die einen einheitlichen Schutz genießt und im gesamten Gebiet der EG wirksam ist. Die Wirkung dieser Schutzrechte ist nur effektiv, wenn auch geeignete Maßnahmen zur Durchsetzung zur Verfügung stehen. Infolgedessen müssen die gewerblichen Schutzrechte mit entsprechenden Maßnahmen zur Bekämpfung der Marken- und Produktpiraterie korrelieren.

Unter diesem Aspekt wurde 2004 die „Richtlinie 2004/48/EG des Europäischen Parlaments und des Rates vom 29. April 2004 zur Durchsetzung der Rechte des geistigen Eigentums" in Kraft gesetzt.

---

[1] Vgl. MarkenG, § 4.

Durch EU-weit einheitliche Zollprogramme sollen Unternehmen oder andere Inhaber von Schutzrechten des geistigen Eigentums die Möglichkeit erhalten, in Zusammenarbeit mit den Behörden gegen die Verbreitung von Fälschungen vorzugehen. Ein wesentliches Werkzeug ist das **Grenzbeschlagnahmeverfahren**– eine Maßnahme, die auf Antrag des jeweiligen Markeninhabers aktiv durch den Zoll durchgeführt wird. Eine detaillierte Darstellung des Grenzbeschlagnahmeverfahrensund die Beschreibung des „Antrags auf Tätigwerden" folgen in Abschn. 3.4.

Das Grenzbeschlagnahmeverfahren und weitere Maßnahmen des Zolls zur Bekämpfung der Marken- und Produktpiraterie wurden 2005 in einem Aktionsplan verabschiedet. Dieser wurde später durch die Europäische Kommission weiterentwickelt und stützt sich seit 2009 gemäß der Mitteilung der Kommission über die „Verbesserung der Durchsetzung von Rechten des geistigen Eigentums im Binnenmarkt" auf folgende Eckpunkte[2]:

- **Einrichtung einer EU-Beobachtungsstelle** zum Erfassen und Überwachen von Informationen und Daten über Verstöße gegen Rechte des geistigen Eigentums sowie Bewertung und Formulierung von Lösungen für bestimmte geografische Regionen
- **Verwaltungszusammenarbeit in Europa** zwischen den zuständigen Behörden. Dabei geht es um einen schnellen Informationsaustausch über rechtswidrige Waren und Dienstleistungen; Einrichtung eines Warnsystems für bestimmte Produkte oder potenzielle Bedrohungen und eine stärkere Sensibilisierung der Verbraucher gegenüber den Gefahren der Marken- und Produktpiraterie
- **Freiwillige Vereinbarungen zwischen den Akteuren,**bei welchen die Markeninhaber und Betreiber einesOnline-Handelssich verpflichtet haben, gemeinsam gegen die Verbreitung von Produkt- und Markenfälschungen vorzugehen

Die beobachtete und dargestellte Entwicklung der Rechtslage und der politischen Instrumentarien zeigt, dass Plagiate als ernsthafte Bedrohung der Volkswirtschaften und Gefährdung der Verbraucher betrachtet werden.

3.2 Gewerblicher Rechtsschutz

3.2.1 Markenrecht

Im folgenden Abschnitt werden einige Inhalte des geltenden deutschen **Markengesetzes** wiedergegeben, denndieses Hintergrundwissen ist für dieEinschätzung des Sachverhaltes bei Ermittlungen und für das weitere Vorgehen gegen Markenrechtsverletzungen notwendig.

---

[2] URL: http://europa.eu/legislation_summaries/internal_market/businesses/intellectual_property/ mi0032_de.htm.

▶   Erst durch die Eintragung eines Zeichens als Marke in das vom Patentamt
geführte Register oder durch die Benutzung eines Zeichens im geschäftlichen
Verkehr bzw. auf Grundlage der notorischen Bekanntheit einer Marke erwirbt
der Inhaber einen Anspruch und kann diesen gegenüber Dritten geltend
machen[3].

Nach dem geltenden Markenrecht kann der Besitzer einer Marke die Schutzrechte jedoch
nur dann erwerben, wenn die Marke schutzfähig ist und die Schutzrechte Dritter nicht
verletzt.

Gemäß § 3 Markengesetz können alle Zeichen, insbesondere Wörter einschließlich
Personennamen, Abbildungen, Buchstaben, Zahlen, Hörzeichen, dreidimensionale Gestaltungen einschließlich der Form einer Ware oder ihrer Verpackung sowie sonstige Auf-
machungen einschließlich Farben und Farbzusammenstellungen als Marke geschützt werden. Voraussetzung ist nur, dass diese geeignet sind, Waren oder Dienstleistungen eines
Unternehmens von denjenigen anderer Unternehmen zu unterscheiden.

Nicht schutzfähig sind Zeichen, die ausschließlich aus einer Form bestehen[4]:

• die durch die Art der Ware selbst bedingt ist (z. B. aus Merkmalen, die jedes Produkt
dieser Gattung aufweist),
• die zur Erreichung einer technischen Wirkung erforderlich ist, dieses trifft zu, wenn die
wesentlichen Merkmale der Form einer technischen Funktion entsprechen oder
• die der Ware einen wesentlichen Wert verleihen. (z. B. Gestaltungen von Schmuck, die
zum Wert beitragen).

Analog zu dem nationalen Eintragungsverfahren können Marken auch auf europäischer
Ebene als EU-Gemeinschaftsmarke oder auf internationaler Ebene registriert werden.

Als **Europäische Gemeinschaftsmarkenverordnung** wurde das Harmonisierungsamt
für den Binnenmarkt in Alicante gegründet. Dieses ist für die Erteilung von Gemein-
schaftsmarken (EU-Marken) zuständig, die in allen Mitgliedstaaten der Europäischen
Union gelten. Eine Gemeinschaftsmarke gilt immer in der gesamten Europäischen Union,
ihr räumlicher Anwendungsbereich lässt sich nicht auf den Schutz in einzelnen Mitgliedstaaten beschränken. Der administrative Aufwand der Anmeldung einer EU-Marke ist
vergleichbar mit der nationalen Eintragung.

Nach dem sogenannten **Madrider System**, benannt nach dem Madrider Abkommen
und dem Protokoll zum Madrider Abkommen von 1996, können international registrierte
Marken (IR-Marken) erlangt werden. Das Madrider Protokoll ist also ein wichtiges Instrument für den weltweiten Markenschutz. Dieses internationale Eintragungssystem wird
von der Weltorganisation für geistiges Eigentum (WIPO) in Genf verwaltet. Die WIPO

---

[3] Vgl. § 4 MarkenG.
[4] Vgl. § 3 MarkenG.

erteilt dabei ein Paket von IR-Marken, die in ihrem Schutzumfang den nationalen Marken gleichstehen.

Für den Schutz der eigenen Marke und vor allem für die Durchsetzung ist es wichtig, Fehler bei der Anmeldung der Marke zu vermeiden. Markenpiraten nutzen oft Lücken in der Anmeldung,um eine Rechtsverletzung begehen zu können, ohne andere Marken zu untergraben.

Folgende Fehler sollten bei der Anmeldung einer Marke vermieden werden[5]:

a. **Zu spätes Anmelden einer Marke** – Dritte könnten dem zuvorkommen und sich die Rechte sichern. Dieser Fehler passiert oft bei neuen Marken oder wenn mit der Marke ein neuer Markt erschlossen werden soll.

b. **Keine ausreichende Recherche vor der Anmeldung** – Wenn identische oder ähnliche Marken schon angemeldet sind, bedeutet das eventuell ein Aus für bestimmte Märkte oder hohe Lizenzkosten.

c. **Marke besteht aus Wort- und Bildgrafik** – Der Schutzumfang wird dadurch verringert. Besser ist es, Wort und Bildmarke getrennt anzumelden, außerdem ist das Wort alleine schon schutzfähig.

d. **Die Marke wird farbig angemeldet** – Wenn der Farbe keine besondere Bedeutung zukommt, sollte die Anmeldung als Schwarz/Weiß-Marke erfolgen, da diese Schutz für alle Farben bietet, die denselben Kontrasteindruck vermitteln.

e. **Es werden nicht die amtlichen Schrifttypen verwendet** – Die Marke wird durch die Verwendung von Buchstaben, die nicht amtlich sind, auf diese eingeschränkt. Mit den amtlichen Schriftarten sind wiederum alle Schrifttypen geschützt.

f. **Das Waren- oder Dienstleistungsverzeichnis ist zu eng** – Oft werden vom Antragsteller nur die Waren und Dienstleistungen gewählt, für welche die Marke genutzt werden soll. Bei der Erweiterung der Produktpalette könnten später Schwierigkeiten entstehen. Es wird auch oft nicht berücksichtigt, dass der Benutzungszwang erst nach fünf Jahren eintritt und bis dahin ein breiter Schutz einen Vorteil bedeuten kann.

Ein weiteres Risiko für die Marke ist, dass durch Dritte unbemerkt eine Eintragung einer ähnlichen oder identischen Marke für ähnliche oder identische Waren erfolgen kann. Wird dieses nicht rechtzeitig erkannt und die Löschung beansprucht,kann die Kennzeichnungskraft der älteren Marke reduziert werden. Diese Schwächung der eigenen Marke kann dazu führen, dassin einer Kennzeichenauseinandersetzung der Inhaber der älteren Marke unterliegt. Eine Überwachung der eigenen Marke durch Eigen- oder Fremdleistung ist also zu empfehlen.

---

[5] Cohausz und Wupper 2010, S. 301 f.

3.2.2 Patentrecht

Das Recht am geistigen Eigentum wird neben dem Urheberrecht im Wesentlichen durch das **Patentgesetz** geschützt,dabei sind Patent und Gebrauchsmuster Schutzrechte für technische Erfindungen. Was eine technische Erfindung ist, wird im Patentgesetz nicht definiert. Eine zum Patent angemeldete Erfindung wird dabei inhaltlich und formal, eine zum **Gebrauchsmuster** angemeldete Erfindung nur formal durch die zuständige Stelle geprüft. Ein nichttechnisches Schutzrecht ist das Geschmacksmuster,welches das gesamte äußere Erscheinungsbild eines Erzeugnisses schützt. Um den Schutz zu erlangen, ist im Gegensatz zum Urheberrecht eine Anmeldung des Patentes erforderlich.

Das Patentgesetz § 1 beschreibt Patente als Erfindungen auf allen Gebieten der Technik, die *neu* sind, auf einer *erfinderischen Tätigkeit* beruhen und *gewerblich anwendbar* sind[6].

▶ Diese drei Kriterien für die Patentierbarkeit sind wie folgt definiert[7]:
a. **Neuheit** – Eine Erfindung ist neu, wenn sie nicht zum Stand der Technik gehört. Der Stand der Technik umfasst alle Kenntnisse, die weltweit vor der Anmeldung der betreffenden Erfindung in jeder erdenklichen Weise der Öffentlichkeit zugänglich waren.
b. **Erfinderische Tätigkeit** – Erfinderische Tätigkeit heißt, dass sich die Neuerung in ausreichendem Maße vom Stand der Technik abheben muss, dies trifft z. B. nicht zu, wenn es sich um eine sehr naheliegende und kleine Neuerung handelt.
c. **Gewerbliche Anwendbarkeit** – Diese ist gegeben, wenn die Erfindung auf irgendeinem gewerblichen Gebiet (ausschließlich der Verfahren zur chirurgischen oder therapeutischen Behandlung des menschlichen oder tierischen Körpers und ärztliche Diagnoseverfahren) hergestellt oder benutzt werden kann.

Die Schutzdauer eines Patentes erstreckt sich über 20 Jahre, das Patent muss aber ab dem dritten Jahr jährlich verlängert werden und wird nur aufrechterhalten, solange die Jahresgebühr an das Patent- und Markenamt entrichtet wird. Mit der Offenlegung der Erfindung beginnt eine eingeschränkte Schutzwirkung,die volle Schutzwirkung beginnt mit der Erteilung des Patentes, wobei vom Anmeldetag an mit mindestens zwei Jahren bis zur Erteilung gerechnet werden muss. Patente gelten nur in dem Land, für das sie erteilt werden (Territorialitätsprinzip). Vom Deutschen Patent- und Markenamt (DPMA) erteilte Patente gelten für die Bundesrepublik Deutschland, eine internationale oder europäische Patentanmeldung kann ebenfalls beim DPMA eingereicht werden.

Wenn man ein Patent auch in anderen Ländern schützen lassen will, muss man dieses in jedem Land einzeln anmelden. Zwar ist eine internationale Patentanmeldung nach dem **Patent Cooperation Treaty (PCT)** möglich und führt zu einer Vielzahl von nationalen Schutzrechten, jedoch müssen nach der internationalen gemeinsamen Anmeldephase diese einzeln weiterverfolgt werden. Wichtig ist, dass man innerhalb von zwölf Monaten

---

[6] Vgl. § 1 Patentgesetz (Stand: 31.8.2013).

[7] URL: http://www.dpma.de/patent/patentschutz/index.html.

nach der deutschen Anmeldung das Patent im Ausland anmeldet. Diese Frist darf man nicht versäumen, da man sonst das Schutzrecht nicht mehr rückwirkend auf das Ausland ausdehnen kann. Der neuen Anmeldung würde dann der tatsächliche spätere ausländische Anmeldetag zugeordnet werden, was dazu führen kann, dass die Veröffentlichung der eigenen deutschen Anmeldung bei der ausländischen Prüfung neuheitsschädlich entgegensteht[8].

Auf Grundlage des **Europäischen Patentübereinkommens (EPÜ)** kann man ein europäisches Patent anmelden, das über ein Verfahren für die 36 Vertragsstaaten des EPÜ beantragt wird. Das Patent gilt jedoch nicht einheitlich für die gesamten Vertragsstaaten des Europäischen Patentübereinkommens. Nach der Erteilung zerfällt das europäische Patent in einzelne nationale Schutzrechte, die mit der Bekanntmachung des Europäischen Patentes in den jeweiligen Vertragsstaaten des EPÜ entstehen.[9]

3.3   Durchsetzung von Schutzrechten in Deutschland und EU

In Deutschland haben wir das Privileg einer gut strukturierten, vielfältig ausgestatteten und integeren Zoll- und Polizeibehörde und Gerichtsbarkeit. Es gibt eine gefestigte Rechtslage und es wurden verschiedene Verfahren zur Durchsetzung von Schutzrechte etabliert. Für viele Leistungen werden keine Kosten verrechnet. Aus unternehmerischer Sicht sind das also ideale Rahmenbedingungen, wenn die entsprechenden Schutzrechte registriert sind.

Wurden die Schutzvoraussetzungen durch die Anmeldung der gewerblichen Schutzrechte geschaffen, bestehen folgende rechtliche Ansprüche gegen Produkt- bzw. Markenfälscher:

- zivilrechtliche Ansprüche
- strafrechtliche Sanktionen
- zollrechtliche Grenzbeschlagnahme

Eine wichtige Grundlage für die Durchsetzung von Schutzrechten ist das Anti-Counterfeiting Trade Agreement (ACTA), ein Handelsübereinkommen zur Bekämpfung von Produkt- und Markenpiraterie zwischen der Europäischen Union, ihren Mitgliedstaaten und zusätzlich Australien,Kanada, Japan, der Republik Korea, den Vereinigten Mexikanischen Staaten,dem Königreich Marokko, Neuseeland, der Republik Singapur, derSchweizerischen Eidgenossenschaft und den Vereinigten Staaten von Amerika vom August 2012.

---

[8] URL: http://www.dpma.de/patent/patentschutz/europaeischeundinternationalepatente/index.html.

[9] URL: http://www.dpma.de/patent/patentschutz/europaeischeundinternationalepatente/index.html.

3.3.1 Zivilrechtliche Ansprüche

Unterlassungsanspruch Der Unterlassungsanspruch ergibt sich z. B. aus §§ 14, 15 MarkenG, § 139 PatG oder § 97 UrhG und ist insofern wichtig, als dass der Rechteinhaber potenzielle Verletzungen oder begonnene Verletzungshandlungen unterbinden kann. Der Schutzrechteinhaber kann aufgrund geltenden Rechtes denjenigen, der sein Schutzrecht unerlaubt nutzt, auf Unterlassung in Anspruch nehmen, auch ohne dass ein Verschulden des Verletzers vorliegt.[10]

Schadenersatzanspruch Der Anspruch auf Schadenersatz ergibt sich je nach Rechtsverletzung z. B. aus § 14 MarkenG, § 139 PatG oder § 97 UrhG. Dadurch besteht die Möglichkeit für den Rechteinhaber, den durch die Schutzrechteverletzung entstandenen Schaden geltend zu machen. Abweichend von dem Anspruch auf Unterlassung setzt der Schadenersatzanspruch ein Verschulden voraus.[11]

Fällt die richterliche Entscheidung positiv für den Schutzrechteinhaber aus, können bei der Schadensberechnung folgende Faktoren Einfluss haben[12]:

- Geldentschädigung einschließlich entgangenem Gewinn,
- nachträglich berechnete Lizenzgebühr und
- Herausgabe des Gewinnes des Rechtsverletzers.

Auskunftsanspruch Der Rechteinhaber hat bei einer vorliegenden Markenrechtsverletzung einen Auskunftsanspruch gegenüber dem Rechtsverletzer, unabhängig davon, ob schuldhaftes oder lediglich objektiv rechtswidriges Verhalten vorliegt. Seinem Umfang nach erstreckt sich der Anspruch auf die Auskunft über die Herkunft und den Vertriebsweg „von widerrechtlich gekennzeichneten Gegenständen".[13]

Gemäß § 19 MarkG besteht der Auskunftsanspruch nur gegen Personen, die gewerblich handeln, das schließt also Privatpersonen aus.

Der Auskunftsanspruch besteht in Fällen offensichtlicher Rechtsverletzung oder in Fällen, in denen der Inhaber einer Marke oder einer geschäftlichen Bezeichnung gegen den Verletzer Klage erhoben hat, wenn die Person rechtsverletzende Ware in ihrem Besitz hatte, rechtsverletzende Dienstleistungen in Anspruch nahm, für rechtsverletzende Tätigkeiten genutzte Dienstleistungen erbrachte oder an der Herstellung, Erzeugung oder am Vertrieb solcher Waren oder an der Erbringung solcher Dienstleistungen beteiligt war.[14]

---

[10] Vgl. von Welser und Gonzales 2007, S. 108 f.

[11] Vgl. von Welser und Gonzales 2007, S. 108 f.

[12] Vgl. von Welser und Gonzales 2007, S. 116 f.

[13] Vgl. z. B. MarkenG, § 19; PatG, § 140b.

[14] Vgl. MarkG, § 19.

Vernichtungsanspruch Ausgehend z. B. von den § 18 MarkenG, § 140a PatG oder §§ 98,99 UrhG bestehen seitens des Rechteinhabers Ansprüche auf Vernichtung bei Vorliegen einer Rechtsverletzung,[15] es sei denn, dass der durch die Rechtsverletzung verursachte Zustand der Gegenstände auf andere Weise beseitigt werden kann und die Vernichtung für den Verletzer oder den Eigentümer im Einzelfall unverhältnismäßig ist.[16] Es besteht auch ein Anspruch auf den Rückruf von widerrechtlich gekennzeichneten Waren oder auf deren endgültiges Entfernen aus den Vertriebswegen.

3.3.2 Strafrechtliche Sanktionen

Die vorsätzliche Verletzung von Patentrechten und Markenrechten ist gemäß § 142 PatG oder § 143 MarkenG strafbar. In Deutschland etwa kann eine Haftstrafe für einen gewerblichen Verstoß, z. B. bei Patentrechtsverletzungen, bei maximal fünf Jahren liegen, sofern der Täter gewerbsmäßig handelt.[17] Die Zivilkammern der Landgerichte sind für alle Klagen ohne Rücksicht auf den Streitwert zuständig. Der Kläger muss vorerst die Kosten für den Patentanwalt und die Auslagen durch den Rechtsstreit aufbringen, eine spätere Übernahme durch die unterlegene Partei ist jedoch geregelt.

Vor mehr als einem Jahr haben sich 24 EU-Staaten darauf verständigt, ein einheitliches Patentgericht einzurichten,das es möglich macht, den bürokratischen Aufwand zu reduzieren. Es senkt die Kosten um bis zu 80% und erhöht damit die Wettbewerbsfähigkeit der EU.[18]

Auf internationalem Terrain wird auch durch das Handelsübereinkommen ACTA geregelt, dass der obsiegenden Partei von der unterlegenen Partei die Gerichtskosten oder -gebühren sowie angemessene Anwaltshonorare odersonstige nach dem Recht dieser Vertragspartei vorgesehene Kosten erstattet werden.

Bei einer Verletzung des Patentrechts, Markenrechts, Urheberrechts oder verwandter Schutzrechte besagt die ACTA, dass die Gerichte in zivilrechtlichen Verfahren anordnen dürfen, dass der Verletzer dem Rechteinhaber einen Schadenersatz in Höhe des aus der Rechtsverletzung erwachsenen Verletzergewinnes erstattet. Die Sanktionen bei Verstößen gegen Schutzrechte werden in den Mitgliedstaaten der EU jedoch immer noch sehr verschieden gesehen und geahndet.

---

[15] Vgl. von Welser und Gonzales 2007, S. 125 f.

[16] Vgl. MarkG, § 18.

[17] Vgl. PatG, § 142.

[18] Jahresbericht der Bundesregierung 2012/2013.

3.4 Grenzbeschlagnahmeverfahren

Mit der Verordnung (EU) Nr. 608/2013 des Europäischen Parlaments und des Rates vom 12. Juni 2013 zur Durchsetzung der Rechte geistigen Eigentums durch die Zollbehörde (Kurzform: Grenzbeschlagnahmeverfahren) bietet die Zollbehörde den Schutzrechtsinhabern eine Möglichkeit, den Import der eigenen Marke zu überwachen, und ein wirkungsvolles Instrument, um den Fälschern oder Importeuren rechtswirksam entgegenzutreten. Mit dem Inkrafttreten der Verordnung (EU) Nr. 608/2013 am 1. Januar 2014 wurde die Vorversion „Verordnung (EG) Nr. 1383/2003" aufgehoben.

Die Verordnung enthält Verfahrensvorschriften, regelt das Vorgehen der Zollbehörden gegen Waren, die im Verdacht stehen, bestimmte Rechte geistigen Eigentums zu verletzen,und legt die potenziellen Maßnahmen gegenüber Waren, die derartige Rechte verletzen, fest. Mithilfe des Grenzbeschlagnahmeverfahrens kann vor allem verhindert werden, dass die gefälschten Artikel grenzüberschreitend verbreitet werden und zu den Verbrauchern über den Einzelhandel gelangen. Durch die Zusammenarbeit mit den Zollbehörden hat der Rechteinhaber auch die Möglichkeit, die Vertriebswege und Händler der Marken- und Produktpiraten aufzudecken.[19]

Bei den Möglichkeiten zur Anwendung der Grenzbeschlagnahmeverfahren ist zwischen dem gemeinschaftlichen Verfahren nach der VO (EU) Nr. 608/2013 und einem nationalen Beschlagnahmeverfahren zu unterscheiden.

Mit der Verordnung VO (EU) Nr. 608/2013 wird ein gemeinschaftliches Verfahren festgelegt, das die Voraussetzungen schafft, unter denen die Zollbehörden tätig werden können, wenn Waren bloß im Verdacht stehen, ein Recht geistigen Eigentums zu verletzen.[20] Das nationale Verfahren zur Beschlagnahme ist in den nationalen Schutzrechtsgesetzen, wie z. B. dem deutschen Markengesetz (Abschnitt 2 – Beschlagnahme von Waren bei der Einfuhr und Ausfuhr), dem Urheberrechtsgesetz oder dem Gebrauchsmustergesetz geregelt.[21]

Bei einem **Unionsantrag** nach der VO (EU) Nr. 608/2013 handelt es sich um einen einzigen, bei der zuständigen Zollstelle eines Mitgliedstaates gestellten Antrag auf Tätigwerden der Zollbehörden. Das Tätigwerden erfolgt in dem Mitgliedstaat der Antragstellung und in zusätzlich beantragten Mitgliedstaaten.Der Inhaber eines Schutzrechts mit unionsweiter Rechtswirkung (z. B. einer Gemeinschaftsmarke), hat die Möglichkeit, mit einem Antrag das Tätigwerden der Zollverwaltung in allen Mitgliedstaaten der EU zu beantragen. Bei einer EU-Erweiterung dehnen sich die Schutzrechte mit unionsweiter Auswirkung automatisch auf die neuen Beitrittsländer aus, der Antrag auf Tätigwerden kann dann entsprechend auch auf die neuen Beitrittsländer erweitert werden.

Ein **Antrag nach nationalem Recht** ist sinnvoll, wenn eine der folgenden Situationen zutrifft:[22]

---

[19] Vgl. von Welser und Gonzales 2007, S. 161 f.

[20] Vgl. VO (EU) Nr. 608/2013, Art. 1.

[21] Vgl. Markengesetz (Stand: 31.8.2013), §§ 146–151.

[22] Antrag auf Tätigwerden National auf www.zoll.de.

- Die Fälschungen treten vermutlich im innergemeinschaftlichen Warenverkehr zwischen den Mitgliedstaaten der Europäischen Union auf.
- Es handelt sich um Originalwaren, die mit Zustimmung des Rechteinhabers gekennzeichnet oder lizenziert wurden, die aber ohne Zustimmung des Rechtsinhabers und somit unter Umgehung vertraglich festgelegter Vertriebswege eingeführt oder ausgeführt werden sollen (sogenannte Parallel- bzw. Grauimporte).
- Es handelt sich bei den Waren um solche, bei denen sich der Schutzanspruch aus dem Markenrecht ergibt. Dieser Anspruch wird nicht durch den rechtsgültigen Eintrag der Marke, sondern nach § 4 Nr. 2 und 3 und/oder § 5 des Markengesetzes durch Benutzung im geschäftlichen Verkehr, Verkehrsgeltung und Firmenbezeichung begründet.
- Der gewerbliche Rechtsschutz begründet sich bei den betroffenen Waren aus den Rechtsbereichen Gebrauchsmusterschutz und Topographien von mikroelektronischen Halbleitererzeugnissen.

Das Eingreifen der Zollbehörde beschränkt sich nicht nur auf Kontrollen im Rahmen der Grenzabfertigung. Im Bereich des gewerblichen Rechtsschutzes hat die Zollbehörde überall dort Zugriffsmöglichkeiten, wo sie ihre zollamtliche Überwachung und ihre Prüfrechte wahrnimmt. Dies ist u. a. an Grenzzollstellen, Binnenzollämtern, in Freihäfen oder bei Kontrollen durch die Kontrolleinheiten Verkehrswege der Fall. Wie die Abb. 3.1 zeigt, ist der Erfolg bei Markenrechtsverletzungen am größten, was daran liegt, dass hier die Rechtsverletzung auch durch Laien besser erkannt werden kann.

Ein Eingreifen der Zollbehörde ist im Regelfall nicht möglich, wenn es sich um einen reinen Transitverkehr der Ware handelt. Wenn die Ware aus dem Ausland kommt und für das Ausland bestimmt ist, stellt das nach nationalem Recht grundsätzlich kein „Inverkehrbringen" im Inland und damit keine Verletzung eines deutschen Rechts dar.

Die Zollbehörde ordnet danach auch die zur Beseitigung der widerrechtlichen Kennzeichnung erforderlichen Maßnahmen an, sprich die Vernichtung der Waren.[23] Die Vernichtung der beschlagnahmten Waren war früher grundsätzlich erst nach einem gerichtlichen Feststellungsverfahren möglich, das sich in der Praxis jedoch als zeitaufwendig und hinderlich erwiesen hat. Seit dem 1. September 2008 ist auch in Deutschland ein vereinfachtes Vernichtungsverfahren nach der damaligen VO (EG) Nr. 1383/2003 Art. 11 eingeführt worden. Nachdem der Zoll eine Beschlagnahme gemeldet hat, muss der Rechteinhaber innerhalb von zehn Arbeitstagen nach Eingang der Benachrichtigung den Zollbehörden schriftlich mitteilen, dass die Waren sein Recht am geistigen Eigentums verletzen, und die schriftliche Zustimmung des Anmelders, des Besitzers oder des Eigentümers der Waren zur Vernichtung der Waren übermitteln.[24] Letzteres sollte bei Produkt- und Markenrechtsverletzungen im Regelfall keine Hürde sein, da sich bei einem Widerspruch der Eigentümer oder Besitzer der gefälschten Ware sonst zu dem Vergehen bekennt.

In der VO (EU) Nr. 608/2013 Art. 26 wird eine Sonderregelung für Kleinsendungen nachgeahmter oder unerlaubt hergestellter Waren eingeführt, die eine Vernichtung dieser

---

[23] Vgl. Markengesetz (Stand: 31.8.2013), § 151.
[24] Vgl. Verordnung (EU) Nr. 608/2013, Art. 11.

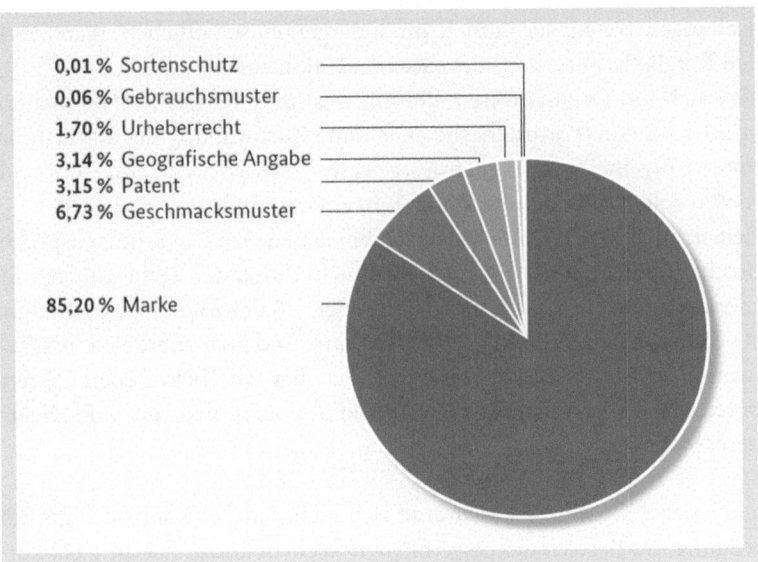

Abb. 3.1 Prozentuale Aufteilung nach Art der Rechtsverletzung. (Quelle: Zentralstelle Gewerblicher Rechtsschutz, Statistik 2012)

Waren durch den Zoll auch ohne Beteiligung des Schutzrechtsinhabers ermöglicht. Als Kleinsendungen werden Post- oder Eilkuriersendungen in Form von maximal drei Einheiten oder weniger als zwei Kilogramm Bruttogewicht definiert.

Das Grenzbeschlagnahmeverfahren ist ein gutes Hilfsmittel zur Unterstützung der Ermittlung von Rechtsverletzungen und für die aktive Marktbeobachtung. Mit relativ wenig Aufwand auf der Seite des Markenrechtinhabers kann man flächendeckend den grenzüberschreitenden Warenverkehr beobachten und bei Vorfällen gezielte Hintergrundinformationen erhalten. Wird ein Verdacht auf Import von gefälschter Ware durch die Behörde gemeldet, erhält man so zugleich wichtige Eckdaten zu dem Absender, Empfänger und Verlauf der Transportkette. Wenn sich der Verdacht erhärtet, wird die Ware aus dem Verkehr gezogen und auf Antrag vernichtet.

3.4.1 Antrag auf Tätigwerden

Ein Agieren der Zollbehörden für den Rechteinhaber ist gemäß der Verordnung (EU) Nr. 608/2013 grundsätzlich nur dann möglich, wenn der Schutzrechteinhaber einen sogenannten „Antrag auf Tätigwerden" gemäß dem Art. 3 dieser Verordnung stellt. Die Zollbehörden können ohne Antrag des Rechteinhabers nur dann tätig werden und Ware beschlagnahmen, wenn ein begründeter Verdacht besteht[25] oder Gefahr im Verzuge ist. Die Antragsverfahren nach nationalem Recht oder nach Gemeinschaftsrecht unterschei-

---

[25] Vgl. von Welser und Gonzales 2007, S. 164.

den sich nur marginal,es ist der Geltungsbereich, der hier ausschlaggebend ist. Entsprechend muss vom Antragsteller der Bedarf vor der Entscheidung über die Art des Antrages grundlegend beurteilt werden.

Bei der Einfuhr von Fälschungen oder Plagiaten **ohne gewerblichen Charakter** im persönlichen Gepäck wird der Zoll nicht tätig, selbst wenn ein entsprechender Antrag gestellt wurde.

Für die Antragserteilung sind u. a. folgende Unterlagen erforderlich[26]:

- Antragsformblatt ausgefüllt gem. Vordruck
- Nachweis über die Inhaberschaft der Schutzrechte
- Verpflichtungserklärung zur Wahrung von Mitteilungspflichten gem. Art 15 der VO
- Verpflichtungserklärung, die angegebenen Informationen zu aktualisieren
- Verpflichtungserklärung zur Übernahme der Haftung
- Verpflichtungserklärung zur Übernahme der Kosten
- Warenerkennungshinweise

Der Antrag auf Tätigwerden und die Anlagen sind zu richten an:
Bundesfinanzdirektion Südost
Zentralstelle Gewerblicher Rechtsschutz
Sophienstraße 6
80333 München
Antragsberechtig im Sinne der VO (EG) Nr. 608/2013 ist nur der Rechteinhaber. Auch die Erklärung ist grundsätzlich durch den Rechteinhaber selbst zu unterzeichnen.

Beim gemeinschaftlichen Verfahren ist zu beachten, dass der Antrag zwar zentral bei einer Zollbehörde gestellt werden kann, dieser jedoch nach Prüfung an die nationalen Zollämter zur Umsetzung verteilt wird. Aus diesem Grund ist es wichtig, den Zollbehörden jeweils einen nationalen Ansprechpartner zu nennen, mit welchem die Kommunikation im Bedarfsfall aufgenommen werden kann. Ein grenzüberschreitender Austausch der Zollbehörden mit Privatunternehmen ist im Regelfall nicht zu erwarten.

Die Erkennungshinweise sollen die Zollbehörden in die Lage versetzen, als sogenannte „Outsider" die Fälschungen von den Originalwaren zu unterscheiden.

Um die Marke und das Originalprodukt oder eine Fälschung zu identifizieren, benötigen die Zollstellen eine Abbildung und Beschreibung des Schutzrechts. Für die Darstellung der eingetragenen Rechte kann durchaus die Darstellung gemäß den Rollen- und Registerauszügen verwendet werden. Es ist aber auch erforderlich, zu beschreiben, wie ein Originalprodukt aussieht, damit bei einem Verdacht auf eine Rechtsverletzung die Zollbehörden einen ersten Vergleich der Produktmerkmale herstellen können.[27] Dabei ist nicht zu sehr auf technische Details einzugehen, deren Bewertung nur durch Fachleute vorgenommen

---

[26] Vgl. Antrag auf Tätigwerden der Zollbehörden gemäß Art. 3 VO (EU) Nr. 608/2013.
[27] URL: Gewerblicher-Rechtsschutz/Marken-und-Produktpiraterie/Antrag/Antrag-nach-Gemeinschaftsrecht.

werden kann, es sind vielmehr Erkennungsmerkmale anzugeben, die ohne Hilfsmittel und ohne Fachwissen bewertet werden können, z. B.:

- Alleinstellungsmerkmale in der äußeren Form wie Gravuren, Prägungen oder Anordnung von Komponenten,
- Sicherheitslabels wie Hologramme, Barcodes,
- verwendete Aufkleber von Zertifikaten,
- Gestaltung der Verpackung hinsichtlich Falttechnik, Druckqualität oder Füllmaterial.

Zusätzlich zu der Warenkontrolle führen die Zollbehörden auch eine Dokumentenprüfung durch, sowohl manuell als auch rechnergestützt. Dabei werden Frachtpapiere, Frachtroute, Anmeldedaten, Rechnungsunterlagen und Zollpapiere anderer Behörden geprüft. Da diese Kriterien oft rechnergestützt ausgewertet werden können, spielt dies bei der Identifikation von Fälschungen eine wichtige Rolle. Sofern in der Logistikkette bestimmte Standardstrecken, -absender und -empfänger oder unveränderliche Merkmale benannt werden können, steigen die Chancen einer Detektion von Fälschungen stark an.

Beispiele solcher Kriterien hat der Zoll auch im Internetauftritt als Anleitung veröffentlicht[28]:

- Findet die Abfertigung von Originalwaren nur bei bestimmten Zollstellen statt, gegebenenfalls bei welchen?
- Werden Originalwaren nur in einem bestimmten Verfahren – z. B. Sammelzollverfahren – oder zu einem bestimmten Zollverfahren – z. B. Lagerung in einem Zolllager – abgefertigt?
- Werden Originalwaren über ein bestimmtes Vertriebssystem – z. B. nur über eine Generalvertretung oder bestimmte Speditionen eingeführt, ausgeführt oder in den Verkehr gebracht? Gibt es bestimmte Verkehrswege (Luftfracht, Seefracht, Straßenverkehr, Postversand)?

Natürlich ist es hilfreich, wenn Namen und Anschriften von früheren Herstellern von Fälschungen oder einschlägigen Händlern bekannt sind. Diese können auch in die Datenbank des Zolls aufgenommen werden und als Filtersystem zur Identifikation von verdächtigen Sendungen dienen.

Es besteht außerdem die Möglichkeit der elektronischen Antragstellung für Anträge auf Tätigwerden (https://www.zgr-online.zoll.de/zgr/login.html). Dazu ist eine vorherige Anmeldung und Vergabe von Login-Zugangsdaten erforderlich. Die Nutzung dieser Möglichkeit wird in einem Benutzerhandbuch[29], herausgegeben durch die Bundesfinanzdirektion Südost – Zentralstelle Gewerblicher Rechtsschutz, beschrieben.

---

[28] URL: Gewerblicher-Rechtsschutz/Marken-und-Produktpiraterie/Antrag/Antrag-nach-Gemeinschaftsrecht.

[29] Benutzerhandbuch, herausgegeben durch die Bundesfinanzdirektion Südost.

3.4.2   Vorgehen der Zollbehörden

Nach der Bewilligung des Antrages werden die Unterlagen in einer Zoll-Datenbank ein-
gestellt, so können sämtliche Zollstellen in Deutschland elektronisch auf diese Informationen zugreifen, analog funktioniert es auch bei den Behörden der anderen Gemeinschafts-
länder. Je präziser die Erkennungshinweise sind und je mehr davon vorhanden sind,desto
größer ist die Möglichkeit eines Aufgriffs von schutzrechtsverletzenden Waren. Wie vor-
angehend beschrieben, spielt eine rechnergestützte Rasterung dabei eine Schlüsselrolle bei
der Identifikation.

An großen Umschlagplätzen der Logistikunternehmen, wie z. B. am DHL-Luftfracht-
drehkreuz Leipzig und Halle, werden pro Werktag 1.500 Tonnen Fracht umgeschlagen.
Im Paketversand sind Maschinen mit einer Sortierleistung von 60.000 Paketen und 36.000
Dokumenten pro Stunde aufgestellt, die jede Nacht 150.000 Pakete sortieren und für den
weiteren Versand verteilen.[30] Das bedeutet eine große Herausforderung für die Zollbehörde und es ist offensichtlich, dass eine 100-prozentige Einzelkontrolle bei Weitem nicht
machbar ist. Somit versucht der Zoll, verdächtige Merkmale aus der Menge herauszufil-
tern, um dann einzelne Sendungen genau zu untersuchen.

Beispiele für verdächtige Frachtpapiere und Transportstrecken:

- Absender oder Absenderadresse sind in einem Antrag auf Tätigwerden als potenzielle Fälscher aufgeführt.
- Die Sendungen werden ohne erkennbaren Grund über zwei Regionen versandt (z. B.
  von China → USA → Deutschland).
- Große oder hochwertige Warensendungen werden mit einem niedrigen Wert deklariert.
- Begleitdokumente sind unvollständig.
- Es gibt Widersprüche zwischen den Absenderangaben und der Produktbeschriftung
  (z. B. Elektronik als Lebensmittel deklariert).
- Es gibt Unregelmäßigkeiten zwischen Teilenummer oder Markenzeichen inder Wa-
  rendokumentation und der Inhaltsliste der Produkte.

Beispiele für verdächtige Verpackung:

- Das Verpackungsmaterial ist minderwertig (z. B. blasser Druck, verwischte Farbe,
  unzureichende Festigkeit).
- Die Kartonagen sind ungenau gefaltet oder verklebt.
- Das Verpackungsmaterial ist unzureichend bzw. unsachgemäß für das Produkt (z. B.
  Neuware in Zeitungspapier eingewickelt).

---

[30] Quelle: DHL Broschüre: DHL HUB Leipzig/Halle.

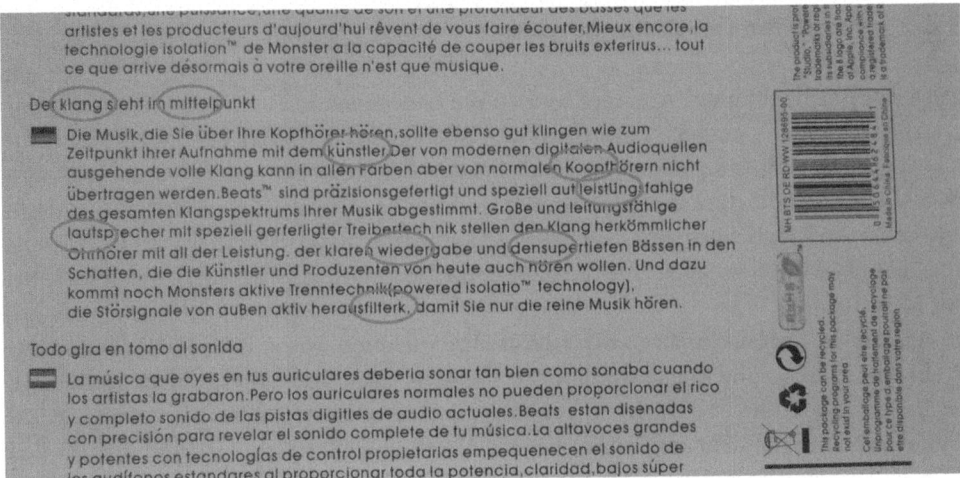

Abb. 3.2 Rechtschreibfehler im Verpackungstext einer Fälschung

- Produkte verschiedener Hersteller befinden sich in einer Warensendung mit einem Originalhersteller als Absender.
- Die notwendige Zertifizierungskennzeichnung ist nicht vorhanden (z. B. CE-Kennzeichen).
- Verschiedene Markenzeichen auf Verpackung und Produkt.
- Die Rechtschreibung der Texte ist mangelhaft (s. Abb. 3.2).

Beispiele für verdächtige Produkt- und Transportaufkleber:

- Es wird eine niedrige Papier- und Druckqualität verwendet (Markenhersteller drucken meistens in Hochglanz).
- Der Druck ist verschmiert oder verblichen (Markenhersteller verwenden wasserfeste Farbe).
- Auf den Aufklebern sind handgeschriebene Zusätze vorhanden.
- Der Text enthält Grammatikfehler oder es werden unübliche Schriftarten verwendet.
- Es sind Differenzen zwischen dem Inhalt der Sendung und den Angaben auf dem Aufkleber vorhanden.
- Die Position der Aufkleber: Sie sind schräg oder bei verschiedenen Sendungen an verschiedenen Stellen aufgebracht (Originalhersteller haben auch hier oft einen „Style Guide").

Wird eine Rechtsverletzung festgestellt oder besteht der Verdacht einer solchen, wird die Ware beschlagnahmt und der Antragsteller, aber auch der Verfügungsberechtigte (Eigentümer, Importeur), über die Maßnahme informiert.[31] Dem Antragsteller werden Herkunft,

---

[31] Vgl. Markengesetz (Stand: 31.8.2013), § 146.

Abb. 3.3 Zoll vernichtet 1,6
t Autoteile. (Quelle: www.zoll.
de, Pressebericht vom 21. Mai
2013)

Menge und Lagerort der Waren sowie Name und Anschrift des Verfügungsberechtigten
mitgeteilt.[32] Der Antragsteller hat weiterhin ein Auskunfts- und Besichtigungsrecht und
kann anhand zusätzlicher Informationen prüfen, ob es sich tatsächlich um eine Fälschung
handelt. Der Verfügungsberechtigte kann seinerseits Widerspruch gegen die Beschlagnahme einlegen. Falls der Verfügungsberechtigte zustimmt oder innerhalb von zwei Wochen
kein Widerspruch eingelegt wird, werden die Waren endgültig eingezogen und gehen in
den Besitz des Staates über.[33] Im Regelfall hat das eine Vernichtung der Waren zur Folge.

Wird durch den Verfügungsberechtigten Widerspruch eingelegt, muss der Antragsteller entscheiden, ob er den Grenzbeschlagnahmeantrag zurückzieht[34] (vor allem, wenn er
feststellt, dass die Waren keine Rechtsverletzung beinhalten) oder den weiteren Rechtsweg
einschlägt. Um die Beschlagnahme aufrecht zu halten, muss der Antragsteller dem Zoll
einen entsprechenden richterlichen Beschluss vorlegen.

Zoll vernichtet 1,6 t Autoteile[35]

Nach der Beschlagnahme von fast 10.000 Autoersatzteilen durch Beamte des Zollamts
Stuttgart Flughafen wurden die Ersatzteile am 21. Mai 2013 durch ein Verwertungs-
unternehmen vernichtet (s. Abb. 3.3).

Ein auf den Handel mit Autoteilen spezialisiertes Unternehmen hatte die Waren im
Februar dieses Jahres aus Mexiko und Südafrika eingeführt. Nach den Ermittlungen der
Zöllner stellte der Import der Waren jedoch einen Verstoß gegen das Markengesetz dar,
sodass die Sendung gestoppt und der betroffene Schutzrechtsinhaber informiert wurde.

Auf Veranlassung des Markenrechtinhabers wurden die Ersatzteile als sogenannte
Parallelimporte nun vernichtet.

---

[32] Vgl. Markengesetz (Stand: 31.8.2013), § 146.

[33] Vgl. Markengesetz (Stand: 31.8.2013), § 147.

[34] Vgl. Markengesetz (Stand: 31.8.2013), § 147.

[35] Quelle: www.zoll.de, Pressebericht vom 21. Mai 2013.

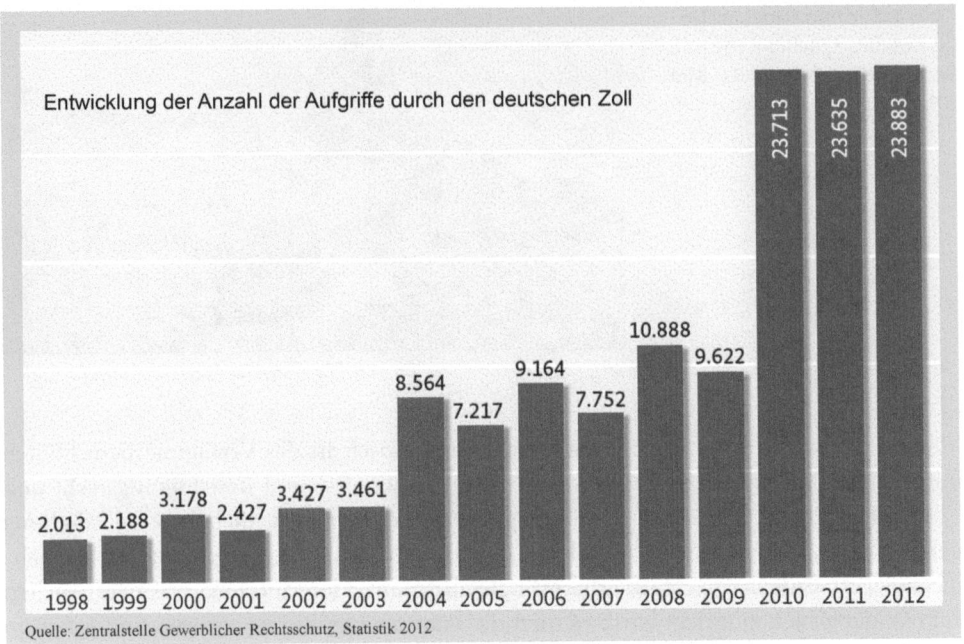

Entwicklung der Anzahl der Aufgriffe durch den deutschen Zoll

Quelle: Zentralstelle Gewerblicher Rechtsschutz, Statistik 2012

3.4.3   Chancen und Risiken

Das Grenzbeschlagnahmeverfahren ist grundsätzlich für den Rechteinhaber eine effektive und flächendeckende, aber doch kostengünstige Möglichkeit, den Markt zu beobachten
und eventuelle Schutzrechtsverletzungen aufzudecken. Selbst wenn es durch dieses Verfahren alleine bei Weitem nicht gelingt, den gesamten Vertrieb von Fälschungen zu unterbinden, können durch einzelne Erfolge der Zollbehörde Tendenzen analysiert und gegebenenfalls weitere Maßnahmen getroffen werden. Gerade das vereinfachte gemeinschaft-
liche Verfahren bietet dem Antragsteller eine Möglichkeit, mit wenig Formalität und wenig
finanziellem Aufwand seine Anti-Counterfeit-Strategie zu ergänzen. Da die Wirkung des
Grenzbeschlagnahmeverfahrens schon beim Import ansetzt, verhindert es im Idealfall ein
Inverkehrbringen der Fälschungen auf dem europäischen Markt[36] und schmälert den Profit der Fälscher.
   Die wesentlichen Vorteile des Gemeinschaftsverfahrens sind:

- mit einem Antrag kann die gesamte EU abgedeckt werden,
- über das „vereinfachte Verfahren" kann ohne richterlichen Beschluss eine Vernichtung
  der Ware erreicht werden,
- der Antragsteller kann weitere Informationen über die Waren und den Verfügungsberechtigten bekommen.

---

[36] Vgl. Rinnert 2008, S. 28 f.

Ein weiterer Vorteil entsteht durch das gesetzte Signal des Antragstellers. Da die Verfügungsberechtigten bei der Beschlagnahme auch angeschrieben werden, wird ihnen bewusst, dass die von ihnen gehandelte Ware wegen potenzieller Rechtsverletzungen durch
eine Behörde registriert wurde. Ganz gleich, ob die Handlung bewusst oder im guten Glauben erfolgte, der Verfügungsberechtigte wird durch den Vorgang sensibilisiert.

Es kann als Nachteil bezeichnet werden, dass die Kosten für die Lagerung der Waren
und die eventuelle spätere Vernichtung vom Antragsteller zu tragen sind. Sicherlich hat
der Antragsteller später die Möglichkeit, den Verletzer auf Schadenersatz zu verklagen,
um die Kosten einzutreiben, vorerst sind die Ausgaben jedoch zu Ungunsten des Antragstellers. Ein weiteres Risiko besteht darin, dass der Verfügungsberechtigte seinerseits auf
Schadenersatz klagen kann (z. B. wegen Verzögerung im Lieferverkehr), falls die beschlagnahmten Waren keine Rechtsverletzung beinhalten. Dieses Risiko wird dem Antragsteller
auch durch eine Zusatzerklärung bei der Antragstellung bewusst gemacht.

Zusammenfassend kann die Antragstellung auf Tätigwerden allen Unternehmen mit
einem überregionalen Bekanntheitsgrad empfohlen werden, da hier gezielt die Verbreitung von Fälschungen auf dem heimischen Markt verhindert oder zumindest ein vorhan-
dener Trend detektiert werden kann. Quelle: Zentralstelle Gewerblicher Rechtsschutz, Statistik
2012

„Modus Operandi" der Produktpiraten

4

Zusammenfassung

Für die Beschreibung von Marken-, Patent-und Urheberrechtsverletzungen haben sich mehrere Bezeichnungen etabliert, die zum Teil die unterschiedlichen Kategorien berücksichtigen, aber auch oft unter einem Begriff alle Arten von Fälschungen zu vereinen versuchen. In diesem Kapitel werden die gängigsten Möglichkeiten von Fälschungen nach der Art der Rechtsverletzung und nach der Vorgehensweise der Produktpiraten bei der Herstellung und beim Vertrieb unterteilt. Dabei werden zu den einzelnen Themenkomplexen die Hintergründe und Strategien der Fälscher bewertet. Die Beleuchtung der Vorgehensweise bei der Herstellung und beim Vertrieb von Fälschungen ist ein wichtiger Aspekt für die Steuerung der Ermittlungen, für die Erschließung des Gesamtbildes und damit für das Festsetzen von effektiven Gegenmaßnahmen.

Wie beim Originalhersteller spielen auch bei diesem „Geschäftsmodell" der potenzielle Absatzmarkt und der zu erwartende Gewinn die ausschlaggebende Rolle. Auch wenn das Niveau der Unternehmensführung oder die Einflussfaktoren beim Fälscher vom klassischen Unternehmen differieren, so kalkuliert auch er sein unternehmerisches Risiko, seine Kosten und den potenziellen Umsatz. Er wird die Unternehmung nur dann aufnehmen, wenn der zu erwartende Gewinn entsprechend hoch ist. Dieser Aspekt eröffnet dem Originalhersteller eine zweite Möglichkeit, um die Marken- und Produktpiraterie zu bekämpfen. Wenn die Maßnahmen am Produkt keinen Erfolg versprechen, kann das betroffene Unternehmen versuchen, die Kosten für die Herstellung oder den Vertrieb von Fälschungen zu beeinflussen oder den Absatzmarkt des Fälschers zu schwächen und somit das Geschäft unprofitabel zu machen.

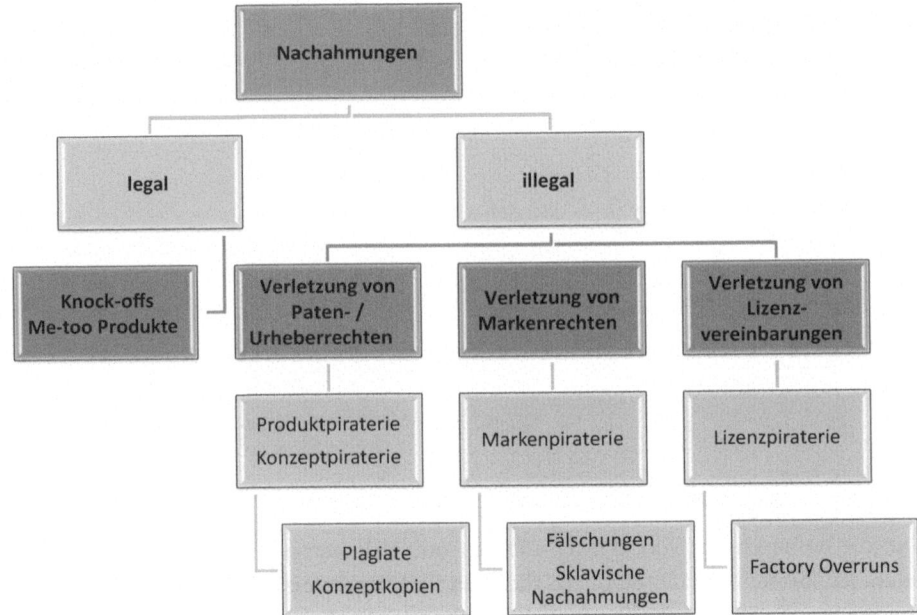

Abb. 4.1 Terminologie von Nachahmungen. (eigene Darstellung; Quelle: Abele et al. 2011, S. 5)

4.1   Häufigste Arten von Produkt- und Markenrechtsverletzungen

Grundsätzlich kann man Produktkopien oder Fälschungen in vier relevante Arten unterteilen:

- Me-too-Produkt
- Produkt- und Konzeptpiraterie
- Markenpiraterie (Fälschung oder Imitat)
- Recycling-Plagiat

Die Lizenzpiraterie wird in diesem Buch nicht gesondert behandelt,denn die Verletzungen von Lizenzvereinbarungen lassen sich üblicherweise in die oben genannten Kategorien einordnen und somit mit denselben Vorgehensweisen bewerten und bekämpfen. Abbildung 4.1 zeigt eine Übersicht der verschiedenen Arten von Produkt- und Markenrechtsverletzungen. Sofern eine Spezifizierung für die Verständlichkeit der Aussagen nicht relevant ist, wird im Verlauf des Buches der Begriff „Fälschung" allgemein genutzt und deckt alle Arten von Schutzrechtsverletzungen ab.

4.1.1   Me-too-Produkt

Beim sogenannten **Me-too-Produkt** verwendet der Nachahmer meistens nur die Grundidee des Originalproduktes und versucht als „Trittbrettfahrer", die Position eines Verkaufsschlagers auszunutzen. Es muss dabei nicht immer um das gesamte Produkt gehen, in der Praxis werden üblicher Weise nur besondere innovative Merkmale vom Wettbewerber am eigenen Produkt umgesetzt.

Oft strebt der Nachahmer eine legale Markteinführung an und verändert die Kopie in Design oder Technik, um einer Rechtsverletzung zu entgehen. Dies erschwert die Beweislage und führt zu langwierigen Prozessen.Der potenzielle Kunde sieht diesem Vorgehen gelassen entgegen, da keine Täuschung vorliegt – im Gegenteil, durch diese Nachahmung wird der Wettbewerb zwischen den Herstellern erhöht, Monopolstellungen werden gekippt und dies führt zu Preissenkungen.

Praxisbeispiel: Gerichtsstreit zwischen Apple und Samsung

Auszug aus www.tagesschau.de vom 25.8.2012

„Apple und Samsung werfen sich seit Monaten gegenseitig Ideenklau und Patentverletzungen vor. Zusammen verkaufen die beiden Konzerne mehr als die Hälfte aller Smartphones in der Welt. … Der Prozess in Kalifornien ist der bisherige Höhepunkt des weltweit geführten Streits. Andere Prozesse werden in Australien, Deutschland oder Großbritannien ausgetragen. Zuvor hatte ein südkoreanisches Gericht beide Parteien der Patentverletzung schuldig befunden. Es untersagte Samsung den Verkauf von zehn Produkten, darunter das Mobiltelefon Galaxy S II. Apple wurde der Verkauf von vier Geräten, darunter das iPhone 4, untersagt."

Gericht verurteilt Samsung zu Milliardenstrafe

„Im Patentstreit zwischen dem US-Technologiekonzern Apple und seinem südkoreanischen Konkurrenten Samsung ist ein wichtiges Urteil gefällt worden. Ein Bundesgericht im kalifornischen San Jose sprach Samsung der Verletzung von Apple-Patenten für schuldig. Demnach muss Samsung 1,05 Mrd. US-Dollar (rund 838 Mio. €) Schadenersatz an Apple bezahlen. Apple hatte Samsung vorgeworfen, das Design des Tablet-Computers iPad und des iPhones nachzuahmen."

Geschworene: Home-Bildschirm mit App-Symbolen kopiert

„Samsung habe mit mehreren Geräten geschützte Designmuster des iPhone verletzt, stellten die Geschworenen in ihrer Entscheidung am Freitag fest. Auch das typische Aussehen des Home-Bildschirms mit seinen App-Symbolen sei kopiert worden. Zudem verletzte Samsung nach Ansicht der neun Geschworenen mit mehreren Geräten die Patente für das Scrollen auf einem Touchscreen, das Hineinzoomen durch doppeltes Antippen sowie eine Funktion, bei der Inhalte wieder in die ursprüngliche Position zurückspringen, wenn sie über den Bildschirmrand gezogen werden."

„Der Konzern Samsung sprach in einer ersten Reaktion von einer Niederlage für die amerikanischen Verbraucher: ‚Das wird zu weniger Auswahl, weniger Innovation und potenziell höheren Preisen führen.' Es sei bedauerlich, dass das Patentsystem einem Unternehmen ein Monopol über Rechtecke mit abgerundeten Ecken geben könne, hieß es in Anspielung auf Apples Designmuster. ‚Das ist nicht das letzte Wort in diesem Fall oder in den Schlachten, die vor Gerichten rund um die Welt geführt werden.'"

Die Markenrechtsverletzung spielt hier keine Rolle, da diese Art von Nachahmung unter eigener Marke hergestellt und vertrieben wird. Wegen der Vorgehensweise wird der Nachahmer als sogenannter „Fast Follower" bezeichnet. Durch eine schnelle Markteinführung wird der Vorteil des Innovationstreibers, ein Monopol zu haben, unterwandert.[1]

Durchschnittlich betrachtet sind Me-too-Produkte von verhältnismäßig guter Qualität und grundsätzlich günstiger im Preis als das Originalprodukt. Der Identitätsgrad mit dem Originalprodukt ist durch die Verwendung eines eigenen Produkt- und Markennamens gering, was auch die hohe Käuferakzeptanz erklärt, da beim Erwerb keine rechtlichen oder moralischen Vergehen seitens des Nachahmers erkannt werden.

4.1.2 Produkt- und Konzeptpiraterie

Zu der Produkt- und Konzeptpiraterie zählt im Wesentlichen die Nachahmung von Produkten durch die Verletzung von Patentrechten, Geschmacks- und Gebrauchsmustern. Die gängige Bezeichnung für diese Art von Nachahmung ist Plagiat.

▶ Als **Plagiat** definiert man somit die Nachahmung aller oder einzelner Produktteile und den Vertrieb unter einer eigenen Marke oder einem geringfügig geänderten Markennamen.

Durch die Kopie des Designs versucht der Fälscher, eine Identifikation des eigenen Produktes mit dem Originalprodukt zu erreichen, ohne den Verbraucher konkret über die Herkunft des Produktes durch die Applikation des Original Markennamens zu täuschen. Zum Teil werden Plagiate aber nicht wegen des Markennamens gefertigt, sondern ausschließlich wegen der innovativen Funktionsmerkmale oder wegen des ansprechenden Designs.

Beispiel für die Kopie des äußeren Designs

Bei besonders verbreiteten und bekannten Markenprodukten wird das äußere Design gerne sklavisch kopiert, um dem Verbraucher das Qualitätsempfinden des Originalproduktes zu suggerieren. Wie auch bei dem Plagiat von dem Produkt der Firma Hansgrohe SE aus Abb. 4.2 entspricht das Innenleben und die Funktion der Fälschung grundsätzlich nicht dem hohen Qualitätsstandard und der Ausstattung des Originalproduktes.Optisch sind die beiden Produkte kaum voneinander zu unterscheiden: Der

---

[1] Vgl. Abele et al. 2011, S. 11.

Abb. 4.2 Original von
Hansgrohe SE (*links*) und die
Nachahmung (*rechts*). (Quelle:
Hansgrohe)

Originalmischer „Focus S" von Hansgrohe SE (links) und die Nachahmung des chinesischen Armaturenherstellers Joyou (rechts).

Bei weniger originalgetreuen Fälschungen ist ein gewisser Identitätsgrad mit dem Originalprodukt zwar auch gewollt, die Qualität darf jedoch nie unter ein bestimmtes Niveau
sinken, da der Fälscher den Verbraucher mit der eigenen Marke und dem Produkt zum
Kauf überzeugen muss. Nur bei sensibilisierten Kunden ist die Wahrscheinlichkeit entsprechend hoch, dass die Rechtsverletzung trotz des geänderten Markennamens erkannt
wird. Im Regelfall beeinflusst ein niedriger Preis die Kundenentscheidung und die Akzeptanz des Produktes beim Verbraucher.

Die Entdeckung und Bekämpfung von Plagiaten ist einfacher, wenn äußere Merkmale
kopiert werden, bei der Nachahmung von Funktionen oder einzelnen Eigenschaften wird
dies zunehmend schwieriger.

4.1.3 Markenpiraterie (Fälschung oder Imitat)

Bei der sklavischen Fälschung oder einem **Imitat** versucht der Fälscher, durch eine möglichst exakte Nachahmung vor allem die äußerlichen Merkmale und die Funktionen des
Originals zu kopieren. Häufig sind auch Verpackung, Etikettierung und Gebrauchsanwei-
sung genau gleich.

Die Nachahmung von einzelnen Komponenten oder speziellen Funktionen ist jedoch
auch mit Kosten verbunden. Deswegen wird bei den meisten Billigimitaten auf aufwendige
Details verzichtet. Entweder werden nur einfache Markenprodukte nachgebaut oder es
werden kostenintensive Fertigungsverfahren mit günstigeren Methoden kompensiert. So
können z. B. Verschraubungen durch Verkleben (siehe Beispiel Abb. 4.3), Gravuren durch
Aufkleber, geschmiedete Teile durch günstigere Gusskomponenten oder langlebige Metall-
teile durch günstigen Kunststoffspritzguss ersetzt werden.

Da der Vertrieb unter der Marke des Originalherstellers erfolgt, wird die Qualität des
Produktes auf das Minimum beschränkt. Der Fälscher nutzt beim Verkauf das Vertrauen

Abb. 4.3 Billigimitat eines
Kopfhörers der Marke „Beats
by Dr. Dre"

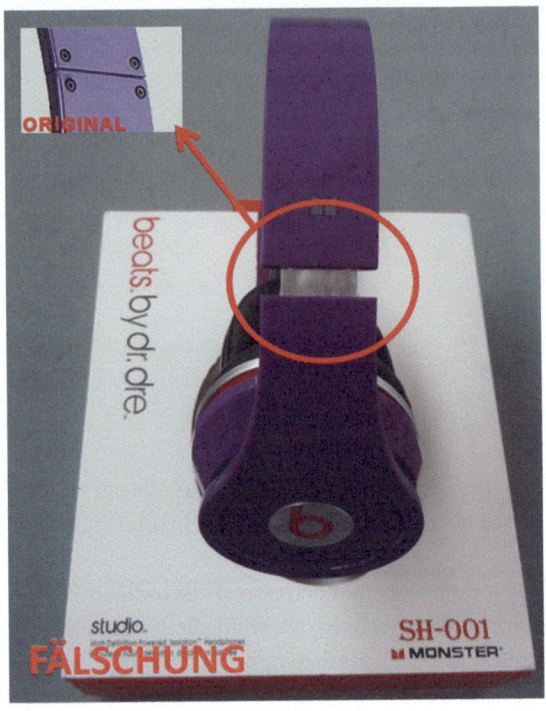

des Kunden in das etablierte echte Markenprodukt aus und fördert seinen Absatz mit dem geringeren Preis. Um den Identitätsgrad mit dem Originalprodukt zu erhöhen und kein Misstrauen beim Kunden zu erwecken, wird in einigen Fällen aber auch bei billig hergestellten Imitaten ein relativ hoher Preis festgelegt.

Die Akzeptanz des Verbrauchers ist bei sklavischen Fälschungen unterschiedlich. Vor allem bei Lebensmitteln, pharmazeutischen Produkten oder sicherheitsrelevanten Geräten und Komponenten ist die Neigung des Verbrauchers, Nachahmungen zu kaufen, eher gering. Bei Modeartikeln ist die Akzeptanz des Kunden eher hoch, hier bestimmen der niedrige Preis und das Modebewusstsein das Kaufverhalten. Bei diesen Produkten sind auch keine Gefahren offensichtlich, versteckte latente Risiken wie Giftstoffe im Material oder Allergene werden meistens nicht erkannt und berücksichtigt.

In manchen Fällen werden Fälschungen hergestellt und angeboten, die es in der Form vom Originalhersteller gar nicht gibt. Insbesondere in der Modebranche entwerfen die Fälscher eigene Kollektionen und versehen diese mit einem Markennamen, um den Verkauf anzukurbeln. Es werden aber auch Markennamen von Premium-Automobilherstellern genutzt, um Zubehör wie z. B. Sitzbezüge, Schlüsselanhänger, Koffer, Accessoires und Spielzeug zu vertreiben (s. Abb. 4.4).

Wird die Fälschung durch den Verbraucher nicht als solche erkannt,besteht die Gefahr für den Originalhersteller zusätzlich darin, dass eine qualitativ minderwertige Fälschung einen erheblichen Imageschaden und/oder sogar Produkthaftungsverfahren nach sich zie-

Abb. 4.4 Nutzung eines
Markennamens für Produkte,
die es als Originalversion gar
nicht gibt

hen kann.Wenn Fälschungen auftreten, ist deswegen eine offensive Kampagne zur Aufklärung der Verbraucher durch die Hersteller grundsätzlich als eine der ersten Maßnahmen zu empfehlen.

4.1.4   Recycling-Plagiat

Eine besondere Art von Fälschungen ist das **Recycling-Plagiat**. Bei diesem Vorgehen werden ausgesonderte oder defekte Produkte ohne Genehmigung des Rechteinhabers überarbeitet, um als originale Neuware verkauft zu werden. Diese Art von Fälschung spielt wegen verhältnismäßig geringer Häufigkeit eine Nebenrolle, ist jedoch für manche Branchen durchaus wichtig in der Betrachtung. Man kann das Recycling-Plagiat aber erst dann als Fälschung bezeichnen, wenn hier eine Täuschung des Kunden angestrebt wird,indem man vorgibt, es handle sich um ein Qualitäts- und/oder Neuprodukt. Diese Methode findet meist bei hochpreisigen Teilen eine Anwendung.

Hierbei werden Komponenten oder Fertigprodukte aus Altgeräten und Ausschuss zusammengestellt und unter dem originalen Markennamen als Neuprodukte vertrieben. Als besonders gefährliches Beispiel sei hier das Recycling von Flugzeugersatzteilen genannt, die dann als sogenannte **bogus parts** mit gefälschten Zertifikaten in Umlauf gelangen. Im Jahr 2002 sorgte der Absturz einer Maschine (siehe Beispiel) für Aufsehen, als er in Zusammenhang mit gefälschten Ersatzteilen gebracht wurde.

Beispiel: Auszug aus www.rp-online.de vom 31.1.2002

„Schwarzhandel mit Flugzeug-Ersatzteilen in Italien

Rom (rpo). Italien hat einen neuen Skandal. Der illegale Handel mit Flugzeug-Ersatzteilen weitet sich aus. Die Fluggesellschaften müssen untersuchen, ob sie bei der

Instandhaltung ihrer Maschinen gefälschte Ersatzteile verwendet haben und innerhalb von 24 h einen Bericht vorlegen. Die Behörden erhoffen sich davon auch Informationen über den Absturz eines Airbus im New Yorker Stadtteil Queens mit 265 Toten."

Die Qualität dieser Produktfälschungen ist minderwertig, da sie oft aus ausgesonderten Teilen der Produktion oder sogar aus gebrauchten und aufbereiteten Schrottteilen bestehen. Die Fälschungen dieser Art sind manchmal auch von Experten sehr schwer bis gar nicht von den Originalprodukten zu unterscheiden, da sie letztendlich von der gleichen Quelle wie diese stammen, sozusagen die gleiche Material-DNA besitzen, und nur das unerlaubte Inverkehrbringen die Rechtsverletzung ergibt. Die Akzeptanz des Verbrauchers ist gering, da das Risiko bei einigen Produkten klar erkennbar ist. Kaufargumente sind hier der Preis und die vollendete Täuschung. Diese Art von Fälschung entsteht meist in Entwicklungsländern und wird bevorzugt nur vor Ort vertrieben. Dieser Modus Operandi wird durch den Export und das Spenden von Altgeräten aus den reichen Industrieländern begünstigt.

Auch hier besteht die Gefahr, dass die Fälschungen durch den Verbraucher nicht als solche erkannt werden und der Originalhersteller Imageschäden und/oder sogar Produkthaftungsverfahren ertragen muss. Die Beweisführung, dass es sich um eine Fälschung handelt, ist hier besonders schwierig, da eben auch die Material-Zusammensetzung mit der des Originalteils übereinstimmt.

4.2 Vorgehen bei Herstellung und Vertrieb von Fälschungen

Betrachtet man die Art und Entstehung der Fälschungen, kann man feststellen, dass es eine „Risikogruppe" an Produkten gibt, die besonders oft Ziel von Marken- und Produktrechtsverletzungen werden.

Erstes Kriterium für die Auswahl des zu fälschenden Produktes sind die potenziellen Absatz- und Marktchancen. Demnach konzentrieren sich die Fälscher in erster Linie auf **Produkte mit Markennamen,** da hier die Gewinnspanne besonders hoch angesetzt werden kann und das Vertrauen der Verbraucher in Markenprodukte den Verkauf positiv beeinflusst. Um das Abnahmerisiko zu senken, werden sogenannte **Bestseller,** die schon einen etablierten Markt haben, besonders bevorzugt. Der Kopierprozess setzt im Regelfall nach der Markteinführung ein, wenn die Absatztendenzen erkennbar sind. Die für ihn idealen Absatzzahlen erreicht der Fälscher, wenn er sein Plagiat auch schon in der Hochphase im Produktlebenszyklus auf den Markt bringen kann (s. Abb. 4.5).

Eine weitere Einflussgröße bei der Auswahl des nachzuahmenden Produktes ist die Höhe der eigenen Investitionen, um die Fälschung herzustellen. Besonders günstig zu fälschen, sind Produkte, die eine **einfache Fertigung mit handelsüblichen Maschinen und Standardverfahren** voraussetzen, zu großen Teilen aus **Standardkomponenten** bestehen und mit einfachen Methoden produziert werden können (z. B. Kinderspielzeug, Bekleidung, einfaches Werkzeug). Plagiatsziele sind nicht nur Endprodukte, sondern auch Halb-

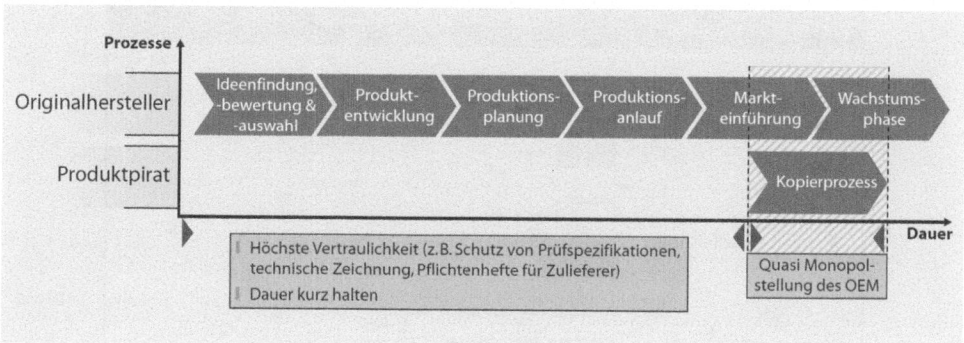

Abb. 4.5 Positionierung des Kopierprozesses im Produktlebenszyklus. (Quelle: Abele et al. 2011, S. 53)

zeuge und Komponenten. Bei Investitionsgütern, wie z. B. im Maschinenbau, überwiegt dieser Anteil sogar (s. Abb. 4.6).

Auch das straf- und zivilrechtliche Risiko spielt zum Teil eine Rolle bei der Auswahl des Produktes, welches gefälscht werden soll. Bei der Nachahmung eines im **freien Handel verfügbaren Produktes** geht der Fälscher kein Risiko ein, um das erforderliche Know-how zu gewinnen. Das hier meist angewendete Reverse Engineering hat in Abhängigkeit von der Sichtweise des Betrachters zwei Facetten: Die einen bezeichnen es als Konkurrenzanalyse, die anderen als Industriespionage. Da es rechtlich schwierig zu fassen ist, mit welcher Motivation jemand ein Wettbewerbsprodukt analysiert, gibt es für das bloße „Gucken" keine Verfolgung.

Bei Produkten oder Verfahren, die sich in der Entwicklung befinden oder im Unternehmen der Geheimhaltung unterliegen und noch nicht auf dem Markt verfügbar sind, muss der Fälscher ein zusätzliches Risiko bei der Informationsbeschaffung eingehen.

Ein Produkt **ohne markante Alleinstellungsmerkmale** kann unauffälliger dem Vertrieb zugeführt werden, da der Originalhersteller oder auch der Verbraucher die Fälschung nicht mit einem Markenprodukt in Verbindung bringen (z. B. Haushalts-Elektrogeräte).

Je nach Niveau des vorhandenen Know-hows und der Fertigungskapazitäten wird sich ein Fälscher entweder auf weniger komplexe Produkte festlegen, oder in zunehmenden Fällen auch die Nachahmung von Hightech-Fabrikaten anstreben.

Analysiert man eine Reihe von Fälschungen, kann man gerade bei Industrieerzeugnissen feststellen, dass viele der Fälscher eine geringe Fertigungstiefe bevorzugen. Je nachdem, welche Art von Produktfälschung erreicht werden soll, konzentrieren sie sich meistens nur auf die Endmontage oder das Design. Um kostengünstig und ohne Entwicklungsaufwand zu produzieren, bevorzugen Fälscher die Produkte, die aus vielen Standardkomponenten bestehen oder durch solche ersetzt werden können.

Den Zugang zu den benötigten Komponenten verschaffen sich die Fälscher entweder auf dem freien Markt oder bei Spezialteilen durch den Aufbau von Schattenbeziehungen zum Originalhersteller. Hierbei nutzt der Fälscher den gewonnenen Status als Lizenznehmer, um das erforderliche Know-how zu erwerben oder z. B. alternativ als Entsorger von

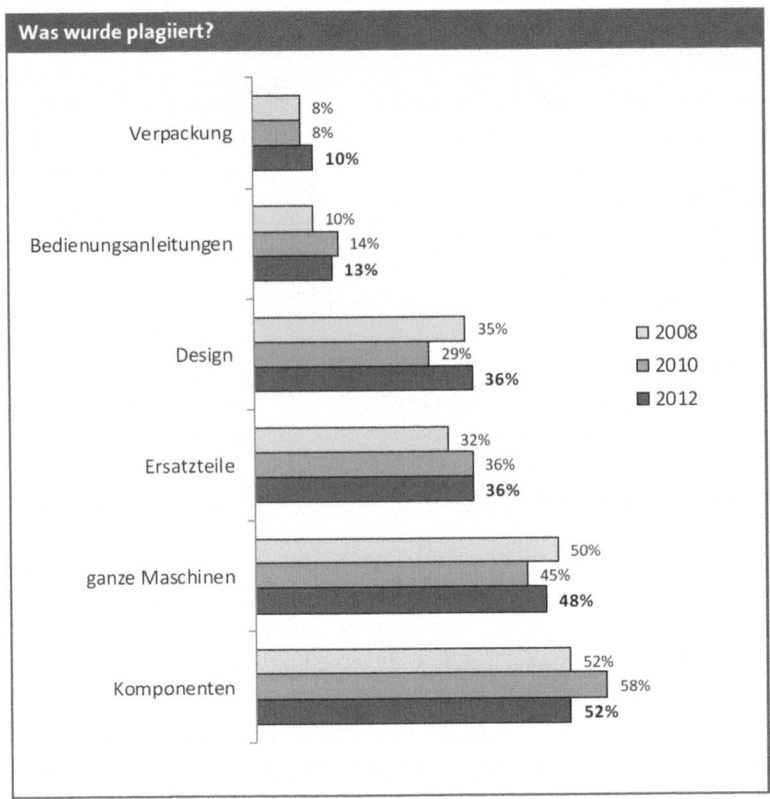

Abb. 4.6 Plagiatsziele. (Quelle: VDMA-Umfrage, 2012)

Produktionsausschuss direkt in den Besitz von Produktteilen zu gelangen. Meistens ist die Idee, eine Fälschung zu produzieren, erst die Folge einer solchen Geschäftsbeziehung. Die Produktionsstätten sind je nach Komplexität des Produktes sehr unterschiedlich, die Palette kann von einer Hinterhofwerkstatt (z. B. Herstellung von Pillen) bis zur Hightech-Fabrik (z. B. Herstellung von Halbleiterkomponenten) reichen. In manchen Fällen werden für ein professionelles Reverse Engineering durch die Produktpiraten auch Hightech-Verfahren, wie zum Beispiel Röntgen oder moderne 3D-Imaging-Verfahren für die Analyse der Konstruktion und der Materialien eingesetzt.[2] Die Schwächen der Produktpiraten liegen in den mangelhaften Produktionsprozessen oder in der fehlenden Erfahrung in der Verfahrenstechnik. Es fehlen ihnen auch oftmals material- und werkstofftechnische Kenntnisse.[3]

Bei der Kundengewinnung durch den Fälscher mit Imitaten spielen die Ähnlichkeit mit einem Markenprodukt und der Preisvorteil die größte Rolle. Verbraucher, die bewusst eine Fälschung erwerben, erwarten in den meisten Fällen auch das Qualitätsdefizit zum Originalprodukt und nehmen dieses auch so in Kauf. Die Kaufargumente für Fälschungen

---

[2] Vgl. BMWi 2009, S. 35.

[3] Vgl. Abele et al. 2011, S. 7.

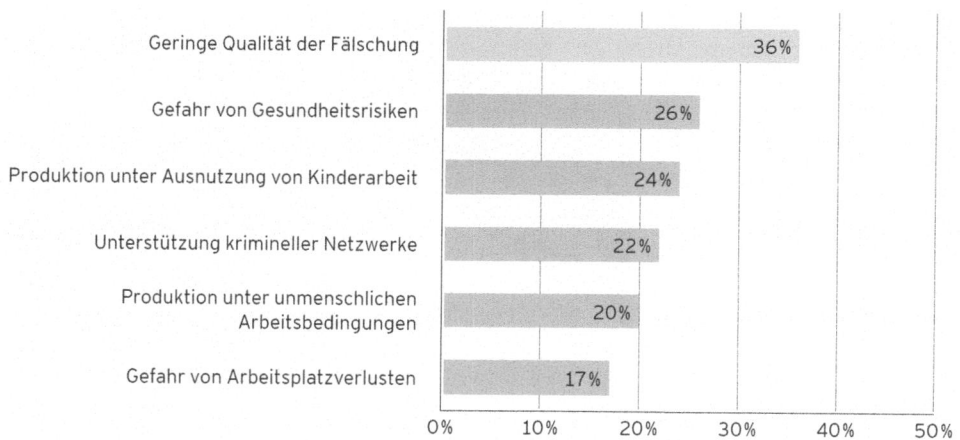

Abb. 4.7 Umfrageergebnisse: Gründe für einen Verzicht auf den bewussten Kauf von Fälschungen. (Quelle: Ernst & Young GmbH, Studie „Intellectual Property Protection" 2012)

unterscheiden sich je nach Warenklasse, für eine Marken-Handtasche gilt sicherlich eine andere Motivation als für ein Autoersatzteil.

Rangfolge der Kaufargumente für Fälschungen aus der Modebranche:
1. Die Fälschung ist optisch identisch mit dem Markenprodukt.
2. Die Fälschung ist preisgünstiger.
3. Die Qualität der Fälschung wird als ausreichend eingeschätzt.
4. Die Fälschung wird als Souvenir angesehen.
5. Die Fälschung wird unbewusst erworben.

Rangfolge der Kaufargumente für Fälschungen von Elektronikprodukten (nicht gewerblich):
1. Die Qualität der Fälschung wird als ausreichend eingeschätzt.
2. Die Fälschung ist preisgünstiger.
3. Die Fälschung ist optisch identisch mit dem Markenprodukt.
4. Die Fälschung wird unbewusst erworben.
5. Die Fälschung wird als Souvenir angesehen.

Die Analyse der Kaufargumente ist auch ein guter Ansatz für Gegenmaßnahmen zur Eindämmung der Produktpiraterie. Vergleicht man die Kaufargumente für das eigene Produkt und die vermutete Motivation des Verbrauchers ein Plagiat zu erwerben, kann man die Diskrepanz für die Käufersensibilisierung nutzen. Die Umfrageergebnisse aus einer Studie von Ernst & Young GmbH zeigen, dass mangelnde Qualität den Verbraucher am ehesten vom bewussten Kauf einer Fälschung abhält (s. Abb. 4.7).

Abb. 4.8 Die Fälschungen
waren laut Zollanmeldung
für den französischen Markt
vorgesehen. Die originalen
Beats-Kopfhörer sind hochwertige Produkte, die derzeitig
im Trend liegen. Dadurch
berechnet sich ein Originalver-
kaufswert von 300.000 Euro.
(Quelle: www.zoll.de, Presseb-
richt vom 06.11.2013)

Manche Nachahmer kommen sogar ohne Fertigung aus, indem sie No-Name-Produkte
in Auftrag geben und einen Markennamen anbringen. Durch den Kauf eines Low-Budget-
Produktes und der Anbringung des Markennamens erst nach dem Import in die anvisierte
Vertriebsregion kann der Fälscher das Entdeckungs-Risiko durch den Zoll erheblich senken.

Praxisbeispiel: Zoll beschlagnahmt 2.000   gefälschte Kopfhörer[4]

Bei der Kontrolle eines aus Asien kommenden Containers sind den Zollbeamten 2.000
gefälschte Kopfhörer aufgefallen. Das Design der Kopfhörer kam den Zöllnern bekannt
vor, allerdings konnten sie bei einer näheren Begutachtung keinerlei markenidentifi-
zierende Logos entdecken. Erst die Verpackungen, die bei der weiteren Überprüfung
der Warensendung aufgefunden wurden, waren mit dem Markenlogo der Firma Beats
bedruckt (s. Abb. 4.8). Der Rechteinhaber bestätigte den Verdacht, dass es sich bei den
Kopfhörern um Fälschungen handelt, und damit wurde die Ware sichergestellt und vernichtet.

Die Kopfhörer waren beim Import also noch nicht mit dem Markennamen versehen,
wahrscheinlich wollten die Importeure so das Entdeckungsrisiko senken. Ein Aufkleber
mit dem Markennamen ist nach dem Import schnell angebracht.

Für den Vertrieb von Fälschungen werden alle offenen Vertriebswege genutzt, die dem
regulären Handel auch zur Verfügung stehen. Einer vergangenen Studie zufolge erreichten
Fälschungen den Verbraucher im Schwerpunkt, zu 41 %, über „fliegende" Märkte und zu
33 % über das Internet (s. Abb. 4.9).[5] Dieser Trend verschiebt sich gerade in den entwickelten Ländern immer mehr in Richtung Online-Handel. Bei der Anwendung der Vertriebsstrategie berücksichtigt der Fälscher oft auch die regionale Rechtslage und die Ver-
brauchermentalität.

---

[4] www.zoll.de, Pressebericht vom 6.11.2013.
[5] Vgl. Ernst & Young AG 2008, Studie zur Marken- und Produktpiraterie S. 7.

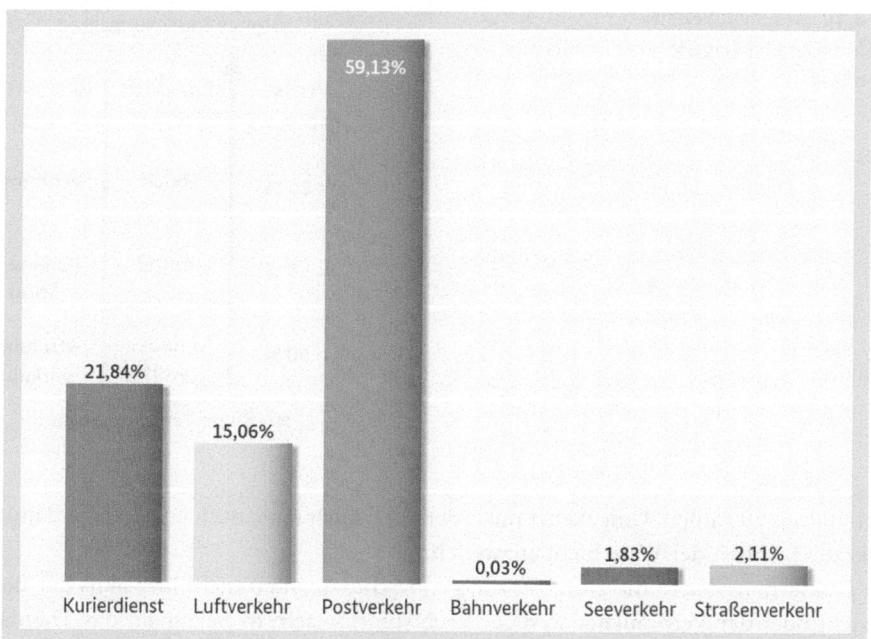

Abb. 4.9 Prozentuale Aufteilung der Aufgriffe durch den Zoll nach Vertriebsart. (Quelle: Zentral-stelle Gewerblicher Rechtsschutz, Statistik 2012)

Gemessen an der Menge der durch den EU-Zoll beschlagnahmten Fälschungen wird für den Import der Postverkehr bevorzugt, hierbei handelt es sich meistens um kleine Mengen. Die großen Coups gelingen immer noch über den See- oder Straßenverkehr. Gemessen an dem Wert der einzelnen Aufgriffe sind diese sicherlich von vorrangiger Bedeutung.

Stellt man den Zusammenhang her zwischen der Tatsache, dass über drei Viertel der Ware aus Asien kommt und den obigen Erläuterungen, kann man den „Modus Operandi" der Produktpiraten leicht nachvollziehen. Es werden in vielen Fällen erst europäische Häfen außerhalb der EU als Zwischenziel angesteuert, um von da aus über den unübersichtlicheren Straßenverkehr oder auf dem Postweg die Ware weiter zu vertreiben.

Betrachtet man den Absatzmarkt, kann man die Kaufargumente in zwei Richtungen differenzieren: Es gibt einerseits die Verbraucher, welche die Absicht haben, Originalprodukte zu erwerben, und nur durch Täuschung gefälschte Produkte kaufen. Es gibt aber auch einen sekundären Nachfragemarkt, in welchem vorrangig aus Kostengründen bewusst Pirateriewarenachgefragt wird (s. Abb. 4.10).[6]

Bei einer Markenfälschung liefert die Kombination aus Qualität und Nachahmungstreue die Voraussetzung für den Täuschungsgrad und bestimmt damit den Marktpreis. Wenn der Käufer im Glauben ist, ein Originalprodukt zu erwerben, ist er bereit, einen

---

[6] Vgl. BMWi 2009, S. 35.

Abb. 4.10 Abhängigkeit des
Täuschungsgrades (eigene
Darstellung)

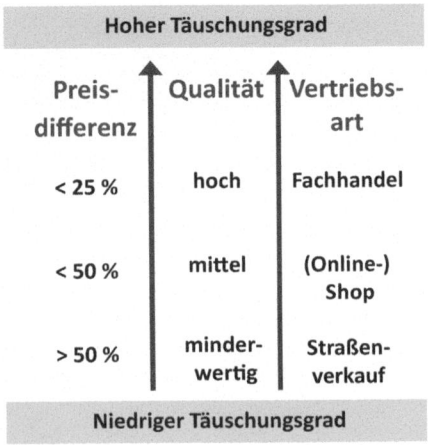

höheren Preis zu zahlen. Umgekehrt muss der Preis auch realistisch erscheinen, damit der
Käufer die Echtheit der Ware nicht anzweifelt.

In Ländern, in denen die Durchsetzung von Schutzrechten nicht im Fokus der Behörden steht oder der Verbraucher weniger Rechtsbewusstsein in Bezug auf das Thema besitzt, geschieht der Verkauf im Einzelhandel eher offen über Verkaufsstände oder Märkte.
Auch die systematische Durchdringung des Fachhandels mit Fälschungen ist in vielen
Ländern Asiens oder Afrikas übliche Praxis.

In diesen Regionen kann der Vertrieb sehr offensiv gestaltet werden, können Verbraucher sehr offen an gefälschte Artikel gelangen. In den meisten großen Städten Asiens und
Osteuropas oder in der Nähe von touristischen Attraktionen gibt es sogenannte „Fake-
Markets" bzw., wenn es nicht ganz so offensichtlich klingen soll, heißen sie „Night-Mar-
kets" (s. Abb. 4.11). Die Preise sind hier sehr niedrig im Vergleich zum Original. Der Ver-
käufer setzt mehr auf die Markengeltung des Verbrauchers denn auf die Täuschung oder
Produktqualität.

In den westlichen Ländern sind die neuen Vertriebskanäle, der sogenannte E-Commerce, der Hauptweg für das Erreichen der Endkunden. Straßenhändler ergänzen das
Bild, spielen jedoch nur eine untergeordnete Rolle. Der Einkauf über den gewerblichen
Einzelhandel (z. B. Kaufhäuser oder Boutiquen) ist relativ sicher, auch der Fachhandel ist
selten betroffen.

Bei Massenware von weltweit agierenden Distributoren, die nicht direkt von zertifizierten Händlern oder direkt vom OEM bezogen wird, steigt das Risiko, Fälschungen zu
kaufen. Bei Massenprodukten versorgen sich sogenannte Broker weltweit mit Einheits-
ware, um diese dann auf dem sogenannten „Grauen Markt" an den Großhandel oder an
Großbetriebe weiter zu verkaufen.

▶   Als **Grauer Markt** wird ein spekulatives Geschäftsfeld bezeichnet, in welchem Broker
abseits von den Vertriebskanälen der Markenhersteller verbilligte Markenware (durch hohe

Abb. 4.11 Fälschermärkte

Lagerzeiten, Rückläufer, Versicherungsgut oder Parallelimporte) beziehen(Abschn. 1.1), um diese dann gewinnbringend weiter zu vertreiben.[7] Die Kontrollen sind hier kaum vorhanden, die Händler verfügen über wenig Fachwissen und die Dokumentation der Logistikwege ist selten nachvollziehbar.

4.3   Nutzung der modernen Medien

„Das Internet als Tatmittel gewinnt dabei in allen Bereichen der Wirtschaftskriminalität an Bedeutung: So bietet es zum Beispiel neue Angriffspunkte für Wirtschafts- und Konkurrenzspionage – das Einfallstor für Produkt- und Markenpiraterie" (Jörg Ziercke, Präsident Bundeskriminalamt).

---

[7] Vgl. KPMG 2003, S. 1.

Das Internet ist dem Fälscher in zweierlei Hinsicht dienlich. Erstens kann er es als Informationsplattform nutzen, um Produkte, Preise und Märkte zu analysieren und um seine Gewinnchancen mit der Produktion eines Plagiates abzuschätzen. Im gleichen Zug kann er über die digitalisierten Medien relativ einfach Patente, registrierte Schutzrechte und weitere Produkte oder Firmendaten abgreifen. Ist das Plagiat marktreif, kann der Fälscher zweitens das Internet als Verkaufsplattform nutzen. Der Vorteil für die Fälscher liegt in der Anonymität des Internets, die es ihnen ermöglicht, ihre Strukturen zu verschleiern sowie in der weltweiten Reichweite, rund um die Uhr, aus jedem Land heraus.[8]

In vielen Fällen wird das Internet von den Fälschern auch genutzt, um über eine Webseite mit professionellen und seriösen Inhalten das Vertrauen der Käufer zu wecken. Dabei werden gefälschte Zertifikate veröffentlicht, z. B. Bilder von erfundenen Produktionsbetrieben eingebaut oder Referenzen von bekannten Kunden erfunden. Ein weiterer Vorteil für die Fälscher ist, dass Verbraucher im Internet die Fälschung nur schwer vom Original unterscheiden können, außerdem kann sich der Käufer nicht auf die zur Verfügung gestellten Bilder verlassen. Diese können ein Original abbilden und tatsächlich wird eine Fälschung erworben.[9]

▶   Neben den Vorteilen hat das Internet auch eine ganze Reihe von Nachteilen für
     Produktpiraten:
     • Hersteller können die Verbraucher sensibilisieren.
     • Informationen über Fälschungen oder Schutzrechtsverletzungen können
        schnell in Umlauf gebracht werden.
     • Spezielle Softwaretools können den Markt sondieren und verdächtige Angebote oder Auftritte herausfiltern.
     • Online-Datenbanken mit bekannten Tätern und Mittätern können erstellt
        werden.
     • Hersteller oder Händler können sich organisieren und gemeinsam Maßnahmen
        ergreifen.

Das Internet und der schnelle Datenverkehr können somit auch für den Kampf gegen Marken- und Produktpiraterie genutzt werden, es liegt demnach am Hersteller und am Verbraucher, aus dem augenscheinlichen Nachteil einen Vorteil zu ziehen.

Beispiel: Auszug aus www.br-online.de vom 6.9.2011

„**Gefahrenquelle Internet** – Der Hauptabsatzmarkt für gefälschte Arzneimittelprodukte ist der Online-Vertrieb. Laut Apothekenkammer ist jedes zweite im Internet vertriebene Medikament eine Fälschung. Bereits Ende 2009 gingen Ermittler bei einer weltweiten Polizeiaktion in 26 Ländern gegen den illegalen Online-Handel mit nicht zugelassenen und gefälschten Medikamenten vor. Ihr Ergebnis: 995 beschlagnahmte Postsendungen, 72 abgeschaltete Webseiten. In Deutschland hatte das Bundeskriminalamt (BKA) sechs

---

[8] Vgl. Ernst & Young AG 2008, Studie zur Marken- und Produktpiraterie S. 23.
[9] Vgl. Ernst & Young AG 2008, Studie zur Marken- und Produktpiraterie S. 23.

Fälle aufgedeckt. Ein Teil der sichergestellten Mittel habe andere Wirkstoffe enthalten als auf der Packung angegeben, teilte das BKA mit. Bei weiteren Mitteln sei die Dosis des Wirkstoffs eine andere gewesen als vermerkt ....."

4.4 Einfluss der Globalisierung

Die zunehmende Globalisierung der Wirtschaftsaktivitäten ist ein bestimmender Faktor bei der Entwicklung von Produkt- und Markenpiraterie zum Massenphänomen.[10] Die zunehmende Größe der Absatzmärkte wirkt sich nicht nur positiv auf den Absatz der Originalhersteller aus, sondern bietet auch eine zunehmende Absatzplattform für Fälschungen.

Auch die globale Vernetzung der Informations- und Kommunikationstechnologie, die sinkenden Barrieren im Warenverkehr sowie die Möglichkeit zum schnellen und günstigen weltweiten Transport[11] erzeugen eine unkontrollierte Ausbreitung von Wissen und Waren und begünstigen die Entwicklung der Produktpiraterie. Während Erfindungen aus dem 19. Jahrhundert noch etwa 100 Jahre benötigten, um auch in schlechter entwickelten Ländern erfolgreich kopiert zu werden, ist schon in den 1950er-Jahren die „Time to Market" auf etwa zwei Jahre gesunken.[12] Der Import und Export von Fälschungen ist durch die Öffnung der Grenzen um ein Vielfaches einfacher geworden. In Zollgemeinschaften wie der Europäischen Union suchen sich die Produktpiraten Einfuhrmöglichkeiten mit den geringsten Risiken aus, um den Import abzuwickeln (große Häfen, große Paketdienst-Umschlagplätze). Der Transport innerhalb der Gemeinschaft ist dann nur noch mit geringen Risiken verbunden.

Durch diese rasante Entwicklung des technologischen Produktionsniveaus können auch in den Schwellenländern viele Produkte nachgefertigt werden. Damit kann vielen Charakteristiken der Globalisierung analog ein Risiko zugeordnet werden, welches Marken- und Produktpiraterie begünstigt (s. Abb. 4.12).

Die Marktdurchdringung mit Fälschungen schwankt je nach Produkt und Region. Ausschlaggebend für die Ausbreitung sind in erster Linie das herrschende Einkommensniveau, die Aufklärung beim Verbraucher und die Qualität der Kontrollinstanzen. Im mittleren Osten zum Beispiel machen gefälschte Autoersatzteile 30 % des Gesamtmarktes aus, bei elektronischen Komponenten(Haushalt) haben Fälschungen in Afrika eine Marktdurchdringung von bis zu 75 %, in Asien und Osteuropa sind es bis zu 40 % des Gesamtmarktes. In Westeuropa ist die Produktpiraterie im Bereich der Software mit 33 % des Gesamtmarktes[13] die wohl am stärksten betroffene Branche.

Die Globalisierung hat mit der Ausbreitung der Produkt- und Markenpiraterie eine Schattenseite bekommen, von welcher nicht nur global agierende Unternehmen betroffen

---

[10] Vgl. BMWi, Monatsbericht 03/2008.

[11] Vgl. Abele et al. 2011, S. 7.

[12] Vgl. Abele et al. 2011, S. 4.

[13] Vgl. Business Software Alliance, Statistik 2010.

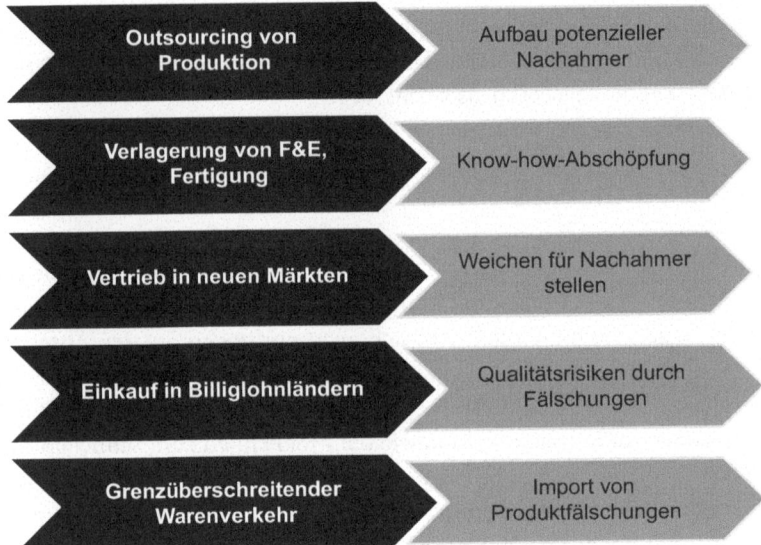

Abb. 4.12 Auswirkungen der Globalisierung (eigene Darstellung)

sind, sondern auch kleine und mittelständische Unternehmen (KMU), die regional aufgestellt sind. Einer Umfrage der Deutschen Industrie und Handelskammer (DIHK) zufolge gaben etwa 20 % der nicht in China engagierten befragten Unternehmen an, sie seien von Produkt- und Markenpiraterie betroffen.[14] Trotzdem zeigt eine Studie des BMWi, dass KMU das System des gewerblichen Rechtsschutzes in geringerem Maße nutzen als Großunternehmen. Als Erklärung für dieses festgestellte Verhalten wurde eine geringe Sensibilisierung für den Schutz des geistigen Eigentums festgestellt.[15]

Auch rein regional aktive Unternehmen mit innovativen und gefragten Produkten sind somit gut beraten, sich über die Risiken zu informieren, den Markt zu beobachten und eine Strategie zum Schutz des Know-hows und zur Bekämpfung der Marken- und Produktpiraterie aufzustellen.

[14] Vgl. APM 2008.
[15] Vgl. BMWi 2008 Forschungsbericht Nr. 579.

Positionierung Chinas zum Thema Produktpiraterie

5

Zusammenfassung

Die Volksrepublik(VR) China ist nur eines von vielen Ländern, in welchen Marken-
und Produktfälschung sowohl als Herstellungsquelle als auch Vertriebsziel eine Bedeutung hat. Der Hintergrund, warum gerade China in diesem Buch als Beispiel aufgeführt
wird,liegt vorrangig an der Bedeutung Chinas als Absatzland und Investitionsland für
deutsche Unternehmen. Die hohe Präsenz der Unternehmen im Land und die zum Teil
strengen Auflagen begünstigen den Know-how-Abfluss und der lokale Protektionismus
erschwert die Durchsetzung von Schutzrechten.

In diesem Kapitel werden Aussagen aus den vorherigen Kapiteln auf die Situation
in China projiziert und bewertet. Es werden einzelne Lücken im juristischen System
und in Unternehmen dargestellt, die das Herstellen und Vertreiben von Fälschungen
begünstigen, jedoch besteht nicht immer eine aussichtslose Situation. Auch hier gibt
es verschiedene Möglichkeiten zur Durchsetzung der Schutzrechte. Diese differieren
im Tenor gar nicht so stark von den europäischen Rechtswegen. Als potenzielle Möglichkeiten auf dem Rechtsweg gegen Marken- und Produktpiraten vorzugehen, werden
das Verwaltungsverfahren, Strafverfahren, Zivilverfahren und das Zollverfahren näher
beschrieben und kommentiert. Allerdings ist der Erfolg sehr stark mit der Kenntnis
um die Rahmenbedingungen verbunden. Es müssen verschiedene kulturelle, politische
oder juristische Barrieren überwunden werden und nicht zuletzt Protektionismus, Vetternwirtschaft und Korruption ausgehebelt werden.

Das Kapitel zur Durchsetzung der Schutzrechte in China schließt mit Empfehlungen
für die Praxis ab und sensibilisiert dazu, bei der Erschließung des Marktes neben den
unternehmerischen Prozessen auch die potenziellen Risiken zu betrachten und gezielt
Prävention, Informationsschutz und Überwachung des Umfeldes zu betreiben.

K. M. Grigori, *Prävention und Bekämpfung von Marken- und Produktpiraterie,*
DOI 10.1007/978-3-658-05459-5_5, © Springer Fachmedien Wiesbaden 2014

5.1   Hintergründe und Ursachen

Nennt man den Begriff Produktpiraterie im Zusammenhang mit China, kommt oft auch der Begriff „Kultur" ins Spiel. Vor allem der Konfuzianismus ist eine Philosophie, die China und das dortige Denken stark geprägt und beeinflusst hat[1]. Davon wird der Gedanke abgeleitet, es gehöre zur chinesischen Kultur, „vom Meister zu lernen", indem man ihn bis zur Perfektion nachahmt, ohne dabei ein Unrechtsbewusstsein zu entwickeln. Im Gegenteil, das Kopieren eines Produktes soll gemäß dieser Mentalität den Respekt vor dem Meisterwerk bezeugen und das Original in Qualität und Wert bestärken[2]. Selbst wenn dieser „ehrenvolle" Gedanke beim Nachahmen vorhanden ist, kann er in der Praxis so nicht hingenommen werden. Die Originalhersteller und deren Mitarbeiter leben schließlich vom Erlös durch den Verkauf eigener Produkte und nicht von der Anzahl von Dritten geschaffenen Kopien.

Die wahrscheinlicheren Gründe, warum weltweit Produkt- und Markenpiraterie und damit auch – oder vor allem – in China betrieben werden, sind Profitgier, Mangel an eigener Innovationskraft und kriminelles Denken. Zusätzlich trägt in China der lokale Protektionismus dazu bei, die Sanktionierung der Fälscher zu verhindern. Schließlich bedeutet auch eine Fälscherwerkstatt Arbeitsplätze und Einkommen für die Betreiber. Die Kombination aus hohen Gewinnspannen und einem niedrigen Risiko, rechtlich ernsthaft belangt zu werden, macht das Fälschen nahezu überall zu einem attraktiven Geschäft.

Weitere Ursachen, die zum Nachahmen von Produkten drängen, sind der Überlebenskampf der Unternehmen durch die immer härter werdende Wettbewerbssituation und die Verkürzung der Produktlebenszyklen.[3] Sicherlich hat auch der rasante Umbruch Chinas von einer Plan- zu einer Marktwirtschaft einen extremen Innovationsdruck verursacht und die Marken- und Produktpiraterie mit getrieben[4].

5.2   System der Produktpiraten in China

In einer weiterführenden Analyse zur Produkt- und Markenpiraterie in der VR China wurde in Anlehnung an die Studie von Professor Huang Guoxing von der chinesischen Volksuniversität die Entwicklung der chinesischen Fälscherindustrie in vier Phasen gegliedert (s. Abb. 5.1).[5]

In der *ersten Phase*, Anfang der 1980er-Jahre, begann der Trend in den östlichen Landesteilen der VR China mit Patentverletzungen in geringem Umfang oder der Fälschung von Markenzigaretten.

---

[1] Vgl. Hintze 2007, S. 8.

[2] Vgl. Welser und González 2006, S. 196.

[3] Vgl. Blume 2006, S. 16.

[4] Vgl. Hintze 2007, S. 9.

[5] Vgl. Blume 2006, S. 22.

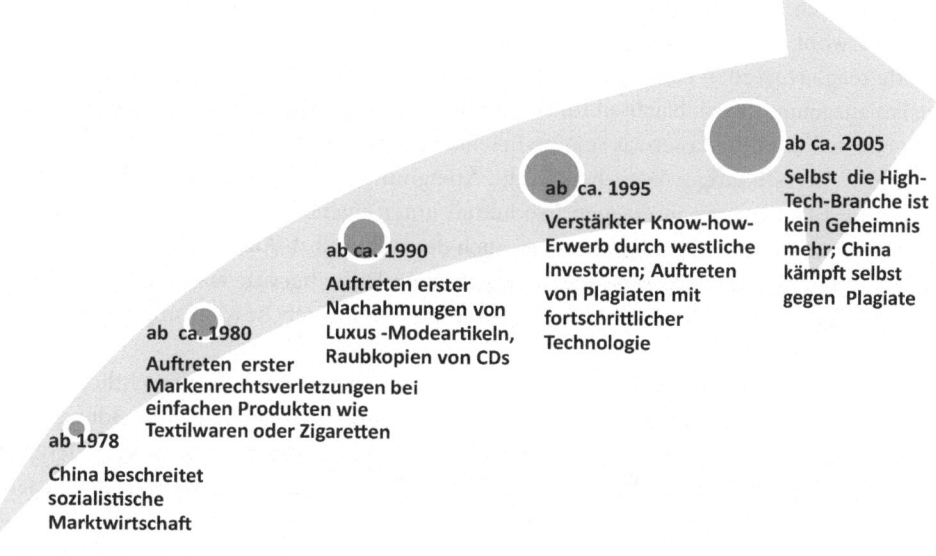

ab ca. 2005
Selbst die High-Tech-Branche ist kein Geheimnis mehr; China kämpft selbst gegen Plagiate

ab ca. 1995
Verstärkter Know-how-Erwerb durch westliche Investoren; Auftreten von Plagiaten mit fortschrittlicher Technologie

ab ca. 1990
Auftreten erster Nachahmungen von Luxus -Modeartikeln, Raubkopien von CDs

ab ca. 1980
Auftreten erster Markenrechtsverletzungen bei einfachen Produkten wie Textilwaren oder Zigaretten

ab 1978
China beschreitet sozialistische Marktwirtschaft

Abb. 5.1 Die Entwicklung der Produkt- und Markenpiraterie in China (eigene Darstellung)

Ende der 1980er-Jahre begann die *zweite Phase*, in welcher in größerem Umfang vor allem sklavischer Nachbau und Markenrechtsverletzung stattfand, wodurch Markenrechtsinhaber und Verbraucher spürbar benachteiligt wurden.

In der *dritten Phase*, Anfang der 1990er-Jahre, war der größte Boom zu beobachten. Durch die verstärkte Auslagerung von Fertigungen der westlichen Hersteller in die VR China hatten die Fälscher auch besseren Zugriff auf Know-how. Die Fälschungen durchdrangen die Textil- und Leichtindustrie und überschwemmten mehr und mehr die ausländischen Märkte.

In der jetzigen *vierten Phase* ist ein Stadium erreicht, in dem alles gefälscht wird, was Gewinne einbringt. Die Risiken werden augenscheinlich von den chinesischen Behörden ernsthaft betrachtet und zumindest auf oberster Ebene gibt es Bestrebungen, die Produkt- und Markenpiraterie einzudämmen.

In den meisten Fällen sind die Fälscher offen agierende Unternehmen, die gewerblich erfasst sind und die üblichen Steuern zahlen. Dies und die Arbeitsplätze, die von der Branche abhängen, lassen vor allem die lokalen Behörden beide Augen zudrücken und erschweren das Vorgehen der Rechteinhaber bei der Durchsetzung der Schutzrechte.

Bei dem Vorgehen der Marken- und Produktpiraten sind verschiedene Strategien zu beobachten, durch welche das Geschäft aufgebaut und betrieben wird.

Der klassische Weg geht über die *sklavische Nachahmung* von auf dem Markt befindlichen Produkten und/oder der Applikation fremder Marken auf das eigene Produkt, um den Verkauf zu fördern. Hier besteht oft keine Beziehung zu dem Originalhersteller. Das erforderliche Know-how für die Herstellung wird über das Reverse Engineering gewonnen, in vielen Fällen wird auch die Marke des Originalherstellers an der Ware angebracht. Dies ist wohl auch das häufigste Vorgehen, da mit dieser Methode schnell auf neue Produkte reagiert werden kann und deren Stellung als Verkaufsschlager ohne eigenes Marktrisiko ausgenutzt wird. Nachteil für den Fälscher sind meistens die Qualitätseinbußen bei der Herstellung und das etwas spätere Erscheinen auf dem Markt.

Ein weiteres häufiges Vorgehen ist die Aneignung von Know-how durch *Industriespionage* und Umsetzung in eigenen Produkten unter eigener Marke. Dabei sind nicht nur private Unternehmen beteiligt, sondern auch der Staat selbst. Aus den Berichten des Deutschen Bundesamtes für Verfassungsschutz geht eindeutig hervor, dass es erklärtes Ziel der chinesischen Geheimdienste ist, die eigene Wirtschaft durch Beschaffung von Informationen zu unterstützen.[6]

Besonders hart trifft es Unternehmen, die ihr spezielles Know-how rechtlich nicht geschützt haben, da es sich z. B. noch in der Entwicklung befindet. Die Anmeldung der Patente erfolgt dann durch den Konkurrenten etwas früher, und damit erlangt er den Status des Schutzrechteinhabers. Hier gehen also die rechtlichen Mittel auf die Seite des Fälschers über. Eine weitere Lücke für den Know-how-Abfluss entsteht durch das Outsourcing von Entwicklung und Produktion nach China bzw. an chinesische Lieferanten. Dadurch wird die Informationsgewinnung für die Konkurrenz sehr vereinfacht.

Über *Outsourcing* von Produktion nach China hat sich eine dritte begünstigende Möglichkeit für Rechtsverletzungen aufgetan, ohne dass Know-how illegal beschafft werden muss. Durch den Aufbau von Produktionslinien sorgt der Originalhersteller für die notwendige Qualifikation und Qualität der Produkte bei dem Lieferanten und nimmt bestimmte Mengen an Ware ab. Nicht selten versucht der Lieferant, seine Auslastung und seinen Profit durch einen sogenannten „Factory Overrun" zu multiplizieren. Das besondere Merkmal bei diesem Vorgehen ist, dass der Originalhersteller auf dem Markt befindliche Ware nur schwer als illegale Kopie identifizieren kann. Außerdem trägt er zusätzlich zu dem finanziellen auch das volle Risiko der Produkthaftung, da es sich schwer nachweisen lässt, dass es sich um eine Rechtsverletzung handelt.

▶ Als **Factory Overrun** werden Produkte bezeichnet, die ein lizensierter Lieferant, der vertraglich vom Rechteinhaber mit der Herstellung einer bestimmten Produktmenge beauftragt wurde, über das genehmigte Produktionsvolumen z. B. in Nachtschichten unerlaubt herstellt.[7]

Eine weitere Strategie der Produktpiraten ist das Spekulieren mit *Patent- und Markenanmeldungen*. Durch geschicktes Ausnutzen der Anmeldefristen oder der Unkenntnis von Originalherstellern gelingt es Produktpiraten immer wieder(und das sogar auf „legalem"

---

[6] Vgl. Bundesamt für Verfassungsschutz (BfV),Informationsblatt – Bedrohung der deutschen Wirtschaft durch chinesische Wirtschaftsspionage 2007.

[7] Vgl. Welser und González 2006 S. 25.

Weg), bestimmte Rechte in China auf ihren Namen registrieren zu lassen.[8] Die Eintragung eines ausländischen Patentes durch einen Dritten ist in China leichter möglich als anderswo, weil das chinesische Recht einen eingeschränkten Neuheitsbegriff für die Erteilung eines Patents kennt. Neuheit bedeutet nach chinesischem Recht, dass das Patent nirgendwo in der Welt in einer Publikation veröffentlicht worden ist, nicht in China offen verwendet oder auf andere Weise öffentlich bekannt geworden ist und ein anderer nicht einen früheren Antrag gestellt hat.[9]

> ▶   Aufgrund der Regelung „first to file" aus dem chinesischen Marken- und Patent-
>   recht kann derjenige, der sich die Schutzrechte zuerst eintragen lässt, diese für
>   sich geltend machen, auch wenn ein anderer sie schon längst nutzt.[10] Bei die-
>   sem Vorgehen steht das Recht, zumindest in China, auf der Seite des Produkt-
>   piraten. International gilt üblicherweise der Grundsatz „first to invent".[11]

Als letzte Handlungsweise ist hier die Strategie des sogenannten „Fast Followers"zu nennen. Dieses kann eine Kombination aus allen vorher genannten Vorgehensweisen sein. Das Ziel besteht darin, durch eine Beobachtung der Wettbewerber, Studie der Produkte und Marktanalyse mit wenig Investition eine Imitation (wenn möglich legal) auf den Markt zu bringen. Dadurch werden die Vorteile des Innovationstreibers, eine Zeit lang den Markt zu beherrschen, zunichte gemacht (s. Abb. 5.2).[12]

Wie in vielen anderen Ländern wird auch in China damit Geschäft gemacht, dass Personen oder Unternehmen gezielt Marken, Patente etc. ausländischer Unternehmen ohne Schutzrechtsanmeldungen in China auf ihren Namen registrieren lassen und sich dann vom Originalhersteller die Lizenz teuer bezahlen lassen.[13] Da China ein großer und bedeutender Markt für viele Unternehmen ist, sind viele bereit, entsprechend hohe Summen zu zahlen. Ein rechtzeitiges Anmelden der eigenen Schutzrechte kann somit viel Geld und Ärger ersparen.

Ein ganz anderes Ziel der Produktpiraten wird in einem Forschungsbericht der TCW[14] zum Thema Plagiatsschutz beschrieben. Die Autoren stellen hier die Entwicklung eines chinesischen Unternehmens vom Joint-Venture-Partner zum führenden Konzern dar. Durch die Aneignung von Know-how der europäischen und amerikanischen Partner konnte das Unternehmen erst Nachbauprodukte herstellen, dann später nach der Etablierung auf dem Markt mit eigenen Innovationen weiter wachsen und später sogar Patente

---

[8] Vgl. Blume 2006, S. 42.

[9] Vgl. APM – Informationsblatt 2007.

[10] Vgl. Blume 2006, S. 42

[11] Vgl. Blume 2006, S. 42

[12] Vgl. Abele et al. 2011, S. 11.

[13] Vgl. APM – Informationsblatt 2007.

[14] Transfer-Centrum GmbH & Co.KG.

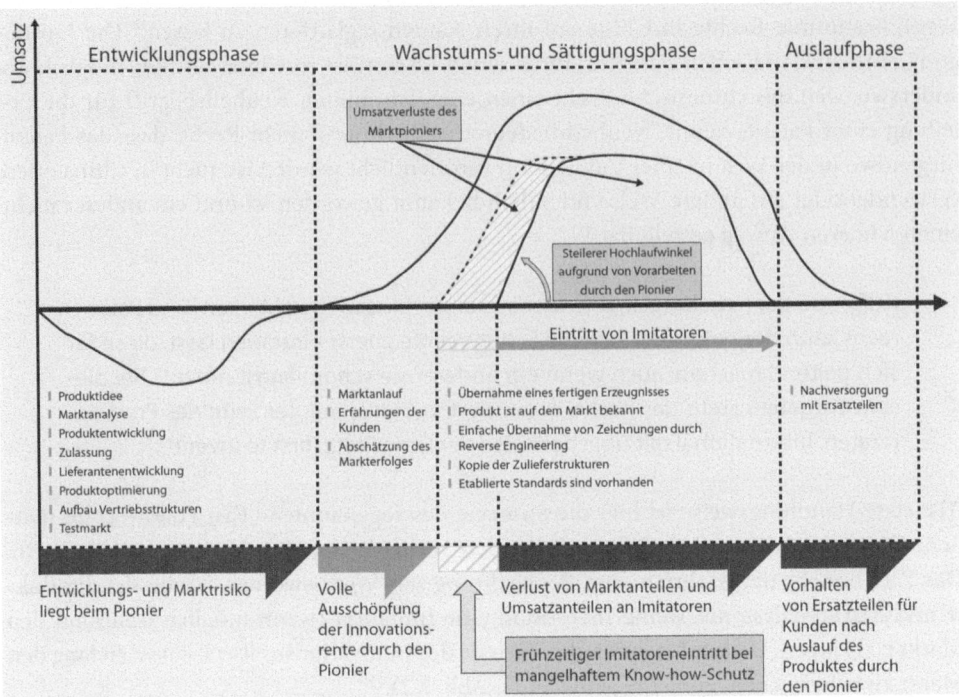

Abb. 5.2 Typische Ablöseeffekte eines First Movers durch Imitatoren. (Quelle: Abele et al. 2011, S. 11)

der insolventen westlichen Wettbewerber erwerben. Der chinesische Konzern muss nun selbst sein eigenes Know-how gegen Produktfälscher verteidigen.[15]

5.3   Durchsetzung von Schutzrechten in China

5.3.1   Rahmenbedingungen im Marken- und Patentrecht

In der VR China können im Wesentlichen die gleichen Rechte registriert werden wie auch in der EU (siehe Kap. 4). Bei der Durchsetzung von Urheberrechten ist die Registrierung dieser fast (gegebenenfalls Anerkennung als „Well Known Trademark") unabdingbar. Vor jeder Registrierung ist es empfehlenswert, eine wirtschaftliche Abwägung zu machen und die weitere strategische Entwicklung des Unternehmens zu betrachten. Grundsätzlich plädieren jedoch die meisten Wirtschaftsverbände und Organisationen, wie z. B. IHK, AHK, APM, für eine Registrierung, sofern das Produkt überregionale Marktrelevanz hat.[16]

---

[15] Vgl. TCW 2007, S. 18.
[16] Vgl. APM – Informationsblatt 2007.

Man muss sich im Klaren darüber sein, dass ohne angemeldete Schutzrechte die betreffenden Produkte legal nachgebaut werden können. Selbst wenn eine Firma nicht in China produzieren will und hier auch keinen Absatzmarkt hat, kann die fehlende Absicherung zum Nachteil werden. Die nachgemachten Produkte können so im Land selbst, aber auch in allen Drittländern ohne Schutzrechtsanmeldung grundsätzlich legal verkauft werden.

Die Anmeldung ist zunächst die wichtigste und effektivste Möglichkeit, um geistiges Eigentum in China zu schützen. Im Gegensatz zu Deutschland steht ein wettbewerbsrechtlicher Schutz gegen Kopien in China nur eingeschränkt zur Verfügung.

Die Registrierung selbst birgt auch Risiken für das eigene geistige Eigentum (CCC – Zertifikat[17]), da es sich hier um eine Offenlegung von Kern-Know-how handelt. Auch der Weg dahin birgt seine Risiken, da für eine Registrierung z. B. eine Übersetzung in die Landessprache oder eine Zertifizierung erforderlich ist. Hier ist ein Vertrauensmissbrauch oder eine Lücke in der Geheimhaltung nicht unwahrscheinlich. Insgesamt dürfte die Gefahr einer Schutzrechtsverletzung bei hochtechnologischen Produkten, die ohne entsprechenden Rechtschutz in China vertrieben werden, in der Regel deutlich höher sein als die Gefahr des Verlustes geistigen Eigentums durch den Prozess der Patentierung selbst.[18]Es gibt auch Ausnahmen, die mit der Geheimhaltungsmethode die bessere Schutzstrategie aufweisen. Wie allgemein bekannt, gehört die Firma Coca-Cola dazu, die Rezeptur des Getränkes wurde nie patentiert und wird unter strengsten Auflagen firmenintern geheim gehalten.

Ausländische Unternehmen ohne Niederlassung in China können sich für die meisten Anmeldungen nicht direkt an die zuständige Behörde wenden, sondern müssen eine dafür zugelassene chinesische Kanzlei beauftragen.

Für die Anmeldung und Registrierung von Marken sind grundsätzlich zwei Wege möglich, erstens durch die nationale Registrierung beim chinesischen Markenamt (TMO) und zweitens durch die internationale Registrierung im Rahmen des Madrider Protokolls. Die Kosten für die Schutzrechtsanmeldung sind nicht höher als in Deutschland.

Wie schon beschrieben ist grundsätzlich zu beachten, dass in China das „First-to-file"-Prinzip gilt, d. h. wer in China zuerst anmeldet, erhält die Rechte. Eine Anerkennung als „Well Known Trademark" ist jedoch auch begrenzt möglich und führt zu einem besonderen Schutz.

Die Rahmenbedingungen für die Anmeldung einer Marke stellen sich zusammengefasst wie folgt dar:[19]

---

[17] Das CCC-Zertifikat ist das chinesische Pflichtzertifikat für verschiedene Produktgruppen, insbesondere technische, elektronische Produkte und Produkte im Automobilbereich. Nur durch eine CCC-Zertifizierung erhalten Hersteller von zertifizierungspflichtigen Produkten die Erlaubnis zum Export nach China.

[18] Vgl. APM – Informationsblatt 2007.

[19] Quelle: Dr. Andreas Bieberbach, Forum „Anmeldung von Schutzrechten in China", 15.7.2008.

- Die Kosten für die Anmeldungen von bis zu zehn Produkten bewegen sich im niedrigen dreistelligen Euro-Bereich.
- Alle Unterlagen müssen in chinesischer Sprache vorliegen.
- Eine formale und inhaltliche Prüfung muss durchgeführt sein.
- Es besteht eine dreimonatige Einspruchsfrist nach Veröffentlichung.
- Die Laufzeit beträgt zehn Jahre(Erneuerung möglich).
- Bei Zurückweisung ist eine Beschwerde beim„Trademark Review and Adjucation Board" (TRAB) innerhalb einer Frist von 15 Tagen möglich.

Die erforderliche Rechtslage ist grundsätzlich vorhanden, jedoch klafft eine Lücke bei der Durchsetzung in der Praxis.[20] Einerseits ist die Ermittlung des Sachverhaltes und das Sammeln von Beweisen schwierig, da die Behörden mit wenig Expertise an den Fall herangehen. Andererseits wirkt das als Guanxi bezeichnete institutionalisierte Beziehungsgeflecht und Kern des regionalen Protektionismus als hemmender Faktor. Regionale Provinzverwaltungen, einschließlich Richter und Polizeibeamte, haben eine stärkere Bindung zu den Unternehmen vor Ort als zu ausländischen Rechteinhabern.[21]

Beim Vorliegen einer Rechtsverletzung ist vorerst zu prüfen, ob die Instrumente, die zur Durchsetzung erforderlich sind, in vollem Umfang vorliegen und ob bestimmte Rahmenbedingungen auf das Geschehen Einfluss haben:

- Sind die Schutzrechtsanmeldungen erfolgt oder liegt eine „allgemein bekannte Marke" vor?
- Ist ausreichend Beweismaterial vorhanden (gefälschte Produkte, Informationen über Hersteller und Lieferkette, belegende Fotos und Dokumente)?
- Wie ist das regionale Beziehungsgeflecht des Fälschers und werden Interessen von lokalen Funktionären berührt?
- Steht eine etablierte einheimische Kanzlei für die Abwicklung zur Verfügung?
- Gibt es öffentliche Interessen an dem Vorfall?
- Ist die Zielsetzung klar definiert[22] (Warenvernichtung, einstweilige Verfügung, Schadenersatz, Abschreckung)?
- Können die Verhandlungen in eine Stadt mit neutralerem Charakter verlegt werden (Shanghai, Beijing)?
- Gibt es Verbündete mit gleichen Interessen?

Grundsätzlich ist zu bedenken: Nur wer gegen Fälscher vorgeht, sendet ein abschreckendes Signal,auch an potenzielle Fälscher und Händler der gefälschten Waren. Bei dem Vorgehen sollten vorrangig folgende Ziele verfolgt werden:

---

[20] Vgl. Blume 2006, S. 50.

[21] Vgl. Welser und González 2006, S. 197.

[22] Vgl. Abele et al. 2011, S. 74.

- Sofortige Unterlassung der Verletzungshandlung,
- Vernichtung der gefälschten Ware und
- Schadenersatzforderungen.

Durchsetzungsmöglichkeiten der Schutzrechte:
Es gibt in China verschiedene Durchsetzungsmöglichkeiten gegen Verletzer von Schutzrechten geistigen Eigentums, doch nicht mit jeder werden die Interessen des Rechteinhabers voll erfüllt. Die wichtigsten Instrumente sind:
- Verwaltungsverfahren
- Strafverfahren
- Zivilverfahren
- Zollverfahren

Diese Verfahren werden in den nächsten Abschnitten differenziert und näher beschrieben.

5.3.2 Verwaltungsverfahren

In China besteht die Möglichkeit zur Durchsetzung von Marken- und Patentrechten unter Einschaltung von Verwaltungsbehörden. Die Industrie- und Handelsverwaltungsbehörden (AIC) sind unter anderem verantwortlich für die Verhinderung des unlauteren Wettbewerbs und die Verfolgung von Markenrechtsverletzungen.[23] Die örtlichen AICs sind Teil der Lokalverwaltung, den Kommunen kommt der überwiegende Teil der von einem Unternehmen zu zahlenden Steuern zu. Es entsteht also ein Interessenskonflikt, welcher eine gewisse Zurückhaltung erzeugt, größere Fälscherunternehmen zu sanktionieren und zu schließen.

Die *Vorteile*[24] des Verwaltungsverfahrens bestehen in einem schnellen, wenig formalistischen und kostengünstigen Vorgehen gegen die Produktfälscher. Razzien beim Fälscher und Beschlagnahme der gefälschten Produkte sind innerhalb von Stunden möglich.[25]

Die *Nachteile*[26] bestehen im Wesentlichen in der mangelnden Transparenz des Verfahrens, es gibt keine Schadenersatzleistungen (gegebenenfalls werden geringe Bußgelder verhängt) und es besteht ein großes Risiko durch den lokalen Einfluss und Korruption.

Der Verwaltungsweg ist demnach nur zu empfehlen, wenn in einem Einzelfall bei wenig gut organisierten, kleinen Fälschern mit einem Zug eine größere Menge an Fälschungen sichergestellt werden kann. Weiterführende Sanktionen sind nicht zu erwarten.

---

[23] Vgl. Sokianos 2006, S. 317 f.
[24] Vgl. Welser und González 2006, S. 236.
[25] Vgl. APM – Informationsblatt 2007.
[26] Vgl. Sokianos 2006, S. 318 f.

5.3.3   Strafverfahren

Die Maßnahme mit dem stärksten Abschreckungseffekt[27] und zugleich effektivstes Mittel im Kampf gegen Produktpiraterie ist die strafrechtliche Verfolgung. Die zuständige Behörde ist eine Polizeibehörde mit provinzübergreifender Zuständigkeit, die in China „Amt für öffentliche Sicherheit" (Public Security Büro – PSB) heißt.[28] Hier wird die Anzeige aufgenommen und an die zuständige Staatsanwaltschaft weitergeleitet. Die Verknüpfung von relativ hohen Geldstrafen mit Freiheitsstrafen von bis zu sieben Jahren hat sowohl finanzielle als auch moralische Effekte auf den Verletzer.

Vorteile[29] des Strafverfahrens:

- hoher Abschreckungseffekt durch Strafen für den Verletzer
- für Schutzrechteinhaber kostenfrei

Nachteile[30] des Strafverfahrens:

- wenig Einfluss auf die Einleitung und den Verlauf des Verfahrens
- langwieriges Verfahren
- kein Schadenersatz
- gegebenenfalls Hindernisse durch lokalen Protektionismus

Es sind Mindestumsätze erforderlich, damit das Verfahren überhaupt aufgenommen wird (keine Bagatellfälle).

Bewertet man das Strafverfahren, muss man feststellen, dass es durch die öffentliche Wirksamkeit ein gutes Mittel zur Abschreckung ist, jedoch die Ziele Schadenersatz und schnelle Lösung nicht erreicht werden. Je nach Interesse des Unternehmens ist jedoch ein Strafverfahren parallel zu einem Zivil- oder Verwaltungsverfahren abzuwägen.

5.3.4   Zivilverfahren

Die Zivilprozesse haben an Bedeutung zugenommen und werden vor allem bei Fällen angewandt, bei denen Schadenersatz das vorrangige Ziel ist. Die zuständigen Behörden sind die Zivilgerichte der VR China. Die Rechtsfolgen[31] des Zivilverfahrens sind im Wesentlichen:

---

[27] Vgl. Sokianos 2006, S. 313 f.

[28] Vgl. APM – Informationsblatt 2007.

[29] Vgl. Welser und González 2006, S. 237.

[30] Vgl. Welser und González 2006, S. 237.

[31] Vgl. APM – Informationsblatt 2007.

- eine Unterlassungsanordnung zur Einstellung der Rechtsverletzung,
- Beschlagnahme der verletzenden Produkte, Materialien, Werkzeuge und Ausrüstung, die ausschließlich zur Herstellung der verletzenden Produkte verwandt werden,
- Schadenersatz auf der Grundlage der Verluste des Rechtsinhabers, der Gewinne des Verletzers oder der Gegenwert entsprechender Lizenzgebühren,
- Anordnung einer öffentlichen Entschuldigung.

Vorteile[32] des Zivilverfahrens

- Es kann Schadenersatz eingeklagt werden.
- Eine einstweilige Anordnung ist möglich.
- Der Gerichtsstand ist frei wählbar, dadurch ist der Prozess weniger anfällig für lokalen Protektionismus.
- Es besteht ein größeres Maß an Transparenz als im Verwaltungsverfahren durch den öffentlichen Ablauf.
- Sachkunde ist bei den Gerichten bei schwierigen Fällen vorhanden.
- Es ergibt sich eine größere Abschreckungswirkung als beim Verwaltungsverfahren durch die potenzielle Schadenersatzzahlung.

Nachteile[33] des Zivilverfahrens

- Langwieriger Prozess, oft über mehrere Jahre,
- hohe Kosten auch für den Kläger, bis hin zum sechsstelligen Euro-Bereich,
- hohe Beweisanforderungen. Bei Beweisen, die ihren Ursprung außerhalb Chinas haben, sind Beglaubigungen und Überbeglaubigungen erforderlich.

Gemäß dem Zivilprozessgesetz der VR China ist die Zuständigkeit in verschiedenen Stufen geregelt. Die Verhandlung einer Klage vor dem Volksgericht der Grundstufe (dieses ist in erster Instanz für Zivilsachen zuständig) sollte vermieden werden, um den lokalen Protektionismus zu umgehen. Sofern möglich, sollte die Verhandlung auf Ebene des Obersten Volksgerichtes gezogen werden. Dieses ist in erster Instanz für Fälle, die auf das ganze Land große Auswirkungen haben oder allgemein für Fälle, bei denen es selbst der Ansicht ist, dass sie von diesem Gericht behandelt werden müssen, zuständig.

Auch die örtliche Zuständigkeit ist eine Barriere für den Erfolg einer Klage. Weil bei Zivilklagen, die gegen Bürger der VR, gegen juristische Personen oder andere Organisationen Chinas erhoben werden, das Volksgericht des Wohnsitzes oder des ständigen Aufenthaltsorts des Beklagten zuständig ist, entsteht wieder die Problematik des lokalen Protektionismus. Es sollte versucht werden, die Verhandlung in die Hauptstadt oder eine andere stark internationalisierte Metropole zu verlegen.

---

[32] Vgl. Welser und González 2006, S. 237.
[33] Vgl. Welser und González 2006, S. 237.

Das Führen einer zivilrechtlichen Klage bedarf wegen der hohen Kosten und schwierigen Beweisführung einer gründlichen Überlegung durch den Rechteinhaber. Da hier das vorrangige Ziel der Schadenersatz ist, sollte gründlich geprüft werden, ob der Verletzer ausreichend solvent ist, um bei positivem Ausgang des Prozesses den Schadenersatz aufzubringen.

5.3.5   Zollverfahren

Ähnlich wie in Deutschland und in der EU gibt es auch in China eine Art Grenzbeschlagnahmeverfahren durch den chinesischen Zoll (General Administration of Customs – GAC). Voraussetzung ist auch hier, dass die Schutzrechte beim GAC entsprechend registriert sind. Der GAC wird von sich aus tätig, wenn ein Verdachtsfall vorliegt, es kann jedoch bei begründetem Verdacht auch gezielt für den Einzelfall eine Beschlagnahmung durch den Schutzrechtsinhaber beantragt werden. Das Verfahren kann sowohl für Importe, als auch für Exporte aus China angewandt werden. Die vorläufige Beschlagnahme dient nur zur Beweissicherung und muss innerhalb von 20 Tagen durch ein Gericht rechtskräftig gemacht werden. Dieses Verfahren eignet sich analog zur EU-Grenzbeschlagnahme im Wesentlichen für Fälschungen von Marken und Designs,da in diesen Fällen die Fälschungen leicht zu erkennen sind. Allerdings kann es als Nachteil angesehen werden, dass vom Antragsteller bei der Behörde eine Bankgarantie oder Bargeld als Sicherheit hinterlegt werden muss.

5.3.6   Fazit für die Durchsetzung von Schutzrechten

Bei der Durchsetzung von Schutzrechten können möglicherweise unerwartet Probleme auftreten, dazu zählen:

* Lokaler Protektionismus und mangelnde Bereitschaft, die bestehenden Gesetze durchzusetzen.
* Die hohen Beweisanforderungen können nicht erfüllt werden. Der Fälscher muss bei der Durchsuchung „in flagranti" erwischt werden und möglichst mit einer erheblichen Menge an Fälschungen.[34]
* Einmischung einer staatlichen chinesischen Stelle zu Ungunsten des Rechteinhabers, z. B. möglich, wenn viele Arbeitsplätze betroffen sind, es sich um Staatsunternehmen handelt oder persönliche Beziehungen bestehen.[35]

---

[34] Vgl. APM – Informationsblatt 2007.

[35] Vgl. APM – Informationsblatt 2007.

- Anstatt die beschlagnahmte Ware zu vernichten, wird diese über Auktionen wieder in Umlauf gebracht. Die Zerstörung der Waren wird oft nur unzureichend oder gar nicht dokumentiert.[36]
- Mangelhafte Mitarbeit und Verfahrensbremse durch die Behörden, z. B. Verschleppungstaktik, überzogene Forderungen, mangelhafte Informationen an den Rechteinhaber,
- Korruption, Protektionismus und Bestechung.

Dass jedoch auch in einem so schwierigen Umfeld mit der richtigen Strategie und Kampfgeist ein juristischer Erfolg erzielt werden kann, beweist das folgende Beispiel (Pressebericht der Firma Hansgrohe SE vom 28. Dezember 2011).

Praxisbeispiel[37]: „Hansgrohe AG erzielt juristischen Erfolg gegen Plagiate in China"

Einen wichtigen juristischen Erfolg konnte die Hansgrohe AG (www.hansgrohe.com) in China gegen die Joyou Group Building Materials Co., Ltd. mit operativem Sitz in Nanʾan, Quanzhou in der Provinz Fujian erzielen. In einem vor Gericht geschlossenen Vergleich hat sich der chinesische Wettbewerber des Schwarzwälder Armaturen- und Brausenherstellers, der seit 2010 unter dem Namen Joyou AG an der Deutschen Börse in Frankfurt/M. notiert ist, verpflichtet, die Produktion und den Vertrieb der Armatur mit der Bezeichnung JY 00121 mit sofortiger Wirkung einzustellen. Bereits im Februar 2011 hatte die Firma Joyou für diese Kopie des Hansgrohe-Waschtischmischers „Focus S" den „Plagiarius"-Preis erhalten. Dieser Negativpreis wird – so die Mitteilung der Initiative gegen Ideenklau um Design-Professor Rido Busse – für „besonders dreiste Plagiate" verliehen. (…)

Auf fünf bis zehn Prozent des Gesamtumsatzes schätzt der global tätige Armaturen- und Brausenhersteller aus dem Schwarzwald den Schaden, der ihm jährlich durch Plagiate entsteht. Übertragen bedeutet dies, dass bei Hansgrohe die Schaffung neuer Arbeitsplätze in nennenswerter Größenordnung – wir sprechen hier von etwa 100 Stellen – durch Plagiate und Nachahmerprodukte verhindert wird. Der Ideenklau schadet der Wirtschaft und kostet Arbeitsplätze.

Für den Endverbraucher sind das Original von Hansgrohe und die Nachahmung von Joyou kaum voneinander zu unterscheiden. „Unser Originalprodukt", erklärt Richard Grohe, „bietet allerdings wesentlich mehr Funktionen und damit für den Konsumenten einen größeren Nutzen als die Kopie." Dazu zählen bei der Hansgrohe-Armatur „Focus S" etwa ein Durchflussbegrenzer, der den Wasserverbrauch auf rund fünf Liter pro Minute reduziert, die Anti-Kalk-Funktion QuickClean und eine integrierte Heißwasserbegrenzung. „Damit hat der Verbraucher eindeutig das Nachsehen, wenn er sich für die Kopie entscheidet", so der stellvertretende Hansgrohe-Chef.

---

[36] Vgl. Blume 2006, S. 51.
[37] Quelle: Hansgrohe SE.

Offiziell positioniert sich China auf die Seite der Rechteinhaber und versucht landesweit gegen Produktpiraterie vorzugehen, um die Qualität chinesischer Produkte zu erhöhen. Durch die Medien werden besondere Aktionen plakativ aufbereitet und zur Meinungsbildung bei ausländischen Investoren genutzt.

Beispiel für eine gezielt aufbereitete Information der chinesischen Medien:

Nach einem Medienbericht[38] wurden in China in zahlreichen Razzien innerhalb eines halben Jahres „4330 Stapel mangelhafter Produkte mit einem Gesamtmarktwert von rund 174 Mio. €" beschlagnahmt. Zum Beispiel fanden Überwachungsteams und Polizeibeamte in Shenzhen, Provinz Guangdong, in einer illegalen Mobiltelefonfabrik raubkopierte Produkte im Wert von mehreren hunderttausend Euro, unter anderem Telefone, die basierend auf Modellen von Apple, Nokia und Sony Ericsson gefälscht worden waren. Huang Xingjn, Manager einer Fabrik in der Provinz Hebei, welche Kleidung an deutsche Kunden verkauft, kann die Verschärfung der Quarantäneinspektionen der letzten Jahre bestätigen. Die Täter gelangten vor der Verschiffung in den Besitz nachgemachter Quarantänezertifikate und wurden nach ihrer Überführung mit harten Strafen belegt.

5.4   Empfehlungen für die Praxis

Risiko analysieren – In erster Linie sollten alle Unternehmen mit bekannten Marken und Produkten das Risiko der Marken- und Produktpiraterie berücksichtigen, unabhängig davon, ob sie auf dem chinesischen Markt agieren oder nicht.

Überwachung und Sicherung der Schutzrechte – Über die üblichen Marken- und Patentrechte hinaus ist auch die vertragliche Sicherung von geistigem Eigentum zu berücksichtigen. Deshalb sind in den Partner- und Lieferantenverträgen Klauseln wie Urheberrechtsübertragungen oder Vertraulichkeitsvereinbarungen[39] einzuschließen.

Überwachung des Marktes – Eine konsequente Überwachung des Marktes ist eine wichtige präventive Maßnahme. Um Produktpiraterie effektiv zu bekämpfen, müssen die Verursacher entdeckt werden, bevor die Fälschungen in verschiedenen Vertriebswegen verstreut sind. Hierbei sollte dem E-Commerce eine besondere Aufmerksamkeit geschenkt werden. Gute Möglichkeiten zur Überwachung bestehen durch die Beauftragung von hierauf spezialisierten Firmen, aber auch durch internes geeignetes Personal. Mit internen Mitteln[40] können z. B. Ausstellungen auf Messen sondiert, Produkte von Wettbewerbern oder Rückläufer von Kunden untersucht werden.

---

[38] Vgl.China Daily 10.7.2011.

[39] Vgl. Sokianos 2006, S. 323.

[40] Vgl. von Welser und Gonzales 2007, S. 359.

Es gibt bestimmte Indizien und Signale[41], die auf eine Verletzung geistigen Eigentums hindeuten können:

- Es kommt zu einem plötzlichen, nicht erklärbaren Rückgang von Marktanteilen hinsichtlich eines Produkts, insbesondere im Export.
- Es kommt zu einem plötzlichen, nicht erklärbaren regionalen Preisverfall bei einem bestimmten Produkt oder einer Produktreihe.
- Es kommt zu Beschwerden über mangelhafte Qualität der Produkte.
- Feste Vertriebspartner, Makler oder Großhändler beziehen das Produkt aus anderen nicht bekannten Quellen.
- Ehemalige Lizenznehmer bringen eigene Produkte auf den Markt.
- Es tauchen verstärkt neue Wettbewerber auf Fachmessen auf.
- Wettbewerber mit gleicher Produktlinie berichten von Fälschungen.
- Es versucht eine dritte Partei, den Firmennamen als Markennamen für sich registrieren zu lassen.

Überwachung der Lieferanten, Dienstleister und Vertriebswege[42] – Die Überwachung der an der Wertschöpfungskette beteiligten Akteure kann verhindern, dass z. B. Knowhow abgeschöpft, Produktions-Ausschuss durch die Entsorger veruntreut wird oder die zertifizierten Vertriebswege durch Fälschungen unterwandert werden.

Schulung von Personal – Personal mit Schnittstellen zum Kunden, Lieferanten oder zur Produktentwicklung ist zum Thema zu sensibilisieren und zu schulen.

Aufstellung Task Force – Es ist ein Team aufzustellen und mit Mitteln und Qualifikation auszustatten, um schnell auf Ereignisse zu reagieren und geeignete Maßnahmen zu ergreifen, wie z. B.:

- Kontakt zur zuständigen Behörde aufnehmen,
- Erwirken einer einstweiligen Verfügung,
- Antrag auf Grenzbeschlagnahme,
- Begleitung einer Durchsuchung,
- Analyse und Identifizierung von Fälschungen,
- Sichern von Beweisen und Aufbereitung einer Beweisführung,
- Dokumentation eines Tatbestandes und,
- Betreiben von Öffentlichkeitsarbeit und Medienberichten.

Schutzrechte bei der GAC registrieren – Den Vorteil dieses kostengünstigen Instrumentes sollte man nutzen, um Export und Import zu analysieren und gegebenenfalls den Vertrieb von Fälschungen zu verhindern. Gute Beziehungen zu den relevanten Verwaltungsbehörden und zum Zoll zu pflegen, ist vorteilhaft, auch wenn bisher noch keine

---

[41] Vgl. APM – Informationsblatt 2007.
[42] Vgl. von Welser und Gonzales 2007, S. 313 ff.

Rechtsverletzungen eingetreten sind. Persönliche Gespräche, Besuche, evtl. Schulungen bei Behörden erhöhen das Verständnis für die Lage der betroffenen Unternehmen sowie die Bereitschaft, in einem Verletzungsfall zügig vorzugehen[43].

Dokumentation von Vorfällen – Eine systematische Erfassung und Aufbereitung von Schutzrechtsverletzungen kann erstens den Trend und zweitens Anhaltpunkte für Lösungen aufzeigen.

Lobbyarbeit– Ein zielgerichteter Lobbyismus[44] sollte durch das obere lokale Management betrieben werden, um einen guten Standpunkt und Kontakte bei relevanten Kammerorganisationen in China zu erhalten (European Chamber, Deutsche Handelskammer, QBPC)[45].

Zusammenarbeit mit Branchenkollegen – Die Kooperation mit anderen betroffenen legalen Wettbewerbern[46] kann sinnvoll sein, um mit größerer „Marktmacht" gegenüber der Behörde und den Fälschern auftreten zu können.

---

[43] Vgl. APM – Informationsblatt 2007.

[44] Vgl. von Welser und Gonzales 2007, S. 367.

[45] Vgl. Sokianos 2006, S. 323.

[46] Vgl. APM – Informationsblatt 2007.

Ganzheitliches Konzept gegen Marken- und Produktpiraterie

6

Zusammenfassung

Um ein ganzheitliches Konzept gegen Marken- und Produktpiraterie im Unternehmen aufzubauen, sind in erster Linie organisatorische Maßnahmen erforderlich. Dazu gehören die Benennung einer Task Forceals zentrale koordinierende Stelle im Unternehmen und deren Ausstattung mit entsprechenden Kompetenzen. Danach ist eine Analyse des Status quo erforderlich, um den aktuellen Bedrohungsstatus festzustellen und die Risiken ausgehend von vorhandenen oder potenziellen Produktfälschungen zu identifizieren. Neben diesen Schritten sind noch zu beachten:

- Koordination der internen und externen Kommunikation,
- Aufsetzen eines Prozesses zur Steuerung von Vorfällen,
- kontinuierliche Marktüberwachung,
- Überwachung der Materialflüsse und der Logistik,
- Anmeldung, Überwachung und Durchsetzung der Schutzrechte,
- Durchführung von Ermittlungen,
- Maßnahmen zum Know-how-Schutz und
- produktbezogene Maßnahmen.

Eine Anleitung zur Planung und Gestaltung der aufgezählten Maßnahmen und Prozesse findet sich in diesem Kapitel. Die Grundlage für ein Konzept gegen Marken- und Produktpiraterie ist die detaillierte Analyse des zu schützenden Produktes und die Evaluierung der Risiken durch Fälschungen. Eine ausführliche Checkliste zur forensischen Untersuchung von Fälschungen und zur Recherche der Vorgehensweise der Fälscher ergänzt die oben genannte Werkzeugpalette.

In den meisten Unternehmen erfolgen Gegenmaßnahmen erst als Reaktion auf einen konkreten Fall von Marken- oder Produktpiraterie. Meistens beschränken sich die Unternehmen auf die Ermittlung im Einzelfall und die Einleitung von rechtlichen Ansprüchen.

K. M. Grigori, *Prävention und Bekämpfung von Marken- und Produktpiraterie,*
DOI 10.1007/978-3-658-05459-5_6, © Springer Fachmedien Wiesbaden 2014

Abb. 6.1 Ganzheitlicher
Ansatz zur Bekämpfung der
Marken- und Produktpiraterie
(eigene Darstellung)

> Eine effektive Bekämpfung der Marken- und Produktpiraterie bedarf jedoch eines ganzheitlichen Ansatzes (s. Abb. 6.1). Dabei sind sowohl präventive als auch reaktive Maßnahmen zu berücksichtigen.

Zu einem ganzheitlichen Konzept gegen Marken- und Produktpiraterie gehören:

- Benennung einer Task Forceals zentrale koordinierende Stelle im Unternehmen und deren Ausstattung mit entsprechenden Kompetenzen,
- Identifikation der Risiken ausgehend von vorhandenen oder potenziellen Produktfälschungen,
- Koordination der internen und externen Kommunikation,
- Aufsetzen eines Prozesses zur Steuerung von Vorfällen einschließlich Durchführung von Ermittlungen,
- kontinuierliche Marktüberwachung,
- Überwachung der Materialflüsse und der Logistik,
- Anmeldung, Überwachung und Durchsetzung der Schutzrechte,
- Maßnahmen zum Know-how-Schutz,
- produktbezogene Maßnahmen und
- organisatorische Maßnahmen.

Bei der Entwicklung von Gegenmaßnahmen spielt auch die strategische Planung eine Rolle, z. B. wenn eine Expansion in Risikoländer in Betracht gezogen wird. Deswegen ist das Thema in der Hierarchie möglichst weit oben anzusiedeln. Außerdem gehört es zu den Kernaufgaben der Unternehmensführung, Schaden vom Unternehmen abzuwenden und bestehende Risiken zumindest zu analysieren.

6.1   Aufbau einer Anti-Counterfeit Task Force

6.1.1   Aufbauorganisation

Grundsätzlich sind für eine effektive Planung und Steuerung von Projekten die Benennung einer zentralen, koordinierenden Stelle und deren Ausstattung mit entsprechenden Kompetenzen und Mitteln erforderlich. Je nach Ausmaß der Gefährdung durch die Marken- und Produktpiraterie können dazu Ressourcen aufgebaut oder vorhandene Kapazitäten und Prozesse aus der bestehenden Aufbau- und Ablauforganisation genutzt werden. Betrachtet man die Stabsabteilungen und Prozesse in größeren Unternehmen, stellt man fest, dass mehrere für das Thema Produkt- und Markenpiraterie eingesetzt werden könnten. Dies könnte z. B. bei folgenden Organisationseinheiten und zugeordneten Aufgabenbereichen der Fall sein:

- Unternehmenssicherheit für Ermittlungen und Recherche,
- IT-Abteilung für den Know-how-Schutz in der IT-Infrastruktur,
- Entwicklungsabteilung für produktbezogene Schutzmaßnahmen,
- Rechts- oder Patentabteilung für die Sicherung der Schutzrechte,
- Qualitätsabteilung für die Analyse von Rückläufern und Fehlteilen,
- Einkauf mit dem Controlling der Herkunft der Halbzeuge oder Rohstoffe,
- Kommunikationsabteilung für die Beratung bezüglich der internen und externen Kommunikation,
- Vertrieb für die Aufnahme von Kunden-Feedbacks und
- Logistikabteilung für die Überwachung und Sicherung der Logistikkette.

In KMUs sind oft mehrere der oben genannten Funktionen gebündelt. Dies ist als Vorteil anzusehen, da bei der Bearbeitung von Produktpiraterie ein Überblick über die beeinflussenden Faktoren entscheidend ist.

Eine effektive Wirkung der aufgelisteten Kompetenzen ergibt sich erst, wenn die einzelnen Stellen koordiniert und gezielt eingesetzt werden. Für den Aufbau einer Task Force empfiehlt es sich, eine Zusammensetzung aus einem Leiter und Koordinator des Teams, einem Kernteam und einem Unterstützungsteam zu wählen.

Der *Leiter und Koordinator* der Anti-Counterfeit Task Force muss das zu schützende Produkt und die damit zusammenhängenden Produktionsprozesse gut kennen und verstehen. Er muss mit der Struktur und den Abläufen im Unternehmen vertraut und über die strategischen Vorhaben informiert sein. Als Koordinator der Maßnahmen sollte er analytische Fähigkeiten besitzen und Erfahrungen im Projektmanagement haben.

Gemessen an den Aufgaben und Fähigkeiten, ist es empfehlenswert, wenn folgende Funktionen im *Kernteam* vertreten sein:

- ein Verantwortlicher für Know-how-Schutz und Informationssicherheit,
- ein Verantwortlicher für die Unternehmenssicherheit und Sicherheit in der Logistikkette,
- ein Verantwortlicher für Marketing und externe Kommunikation,

- eine Schnittstelle mit direktem Zugriff auf Analyse und Bewertung von Rückläufern und Kundenbeschwerden (z. B. Qualitätsmanagement oder After Sales Service),
- ein Ermittler und
- eine juristische Unterstützung, vor allem in marken- und patentrechtlichen Fragen.

Das *Unterstützungsteam* hat die Aufgabe, das Kernteam bei fachspezifischen Fragen zu beraten. Die Einbindung dieser Mitglieder der Task Force erfolgt demnach fallorientiert oder bei umfangreichen Maßnahmen und Ermittlungen. Dies könnte z. B. die Aufarbeitung einer völlig neuen Art von Produktfälschung oder die Entwicklung einer produktbezogenen technischen Maßnahme sein.

Durch das Unterstützungsteam sollten u. a. folgende Aufgaben übernommen werden können:

- Marktüberwachung und Marktanalyse,
- Entwicklung produktbezogener Schutzmaßnahmen,
- Planung und Durchführung interner und externer kommunikativer Maßnahmen,
- Umsetzung von Maßnahmen, welche die Kunden und Lieferantenbeziehung betreffen und
- Verbands- und Lobbyarbeit.

Bei der Auswahl der Teammitglieder sollte auf Kontinuität geachtet werden, das gilt insbesondere für den Leiter und das Kernteam. Die Festlegung des Teams sollte präventiv getroffen werden, um die Einarbeitung und gegebenenfalls eine entsprechende Schulung zu gewährleisten sowie frühzeitig die Organisation und deren Aufgaben innerbetrieblich zu kommunizieren.

Das Kernteam sollte unabhängig von der Anzahl und Art der bekannten Vorfälle von Marken- und Produktrechtsverletzungen eine kontinuierliche Vorgehensweise aufrecht erhalten. Besonders sollten die ständig wirksamen Maßnahmen (z. B. Know-how-Schutz, Marktbeobachtung, Erfassung von Vorfällen) einem kontinuierlichen Verbesserungsprozess unterliegen.

6.1.2   Ablauforganisation und Prozesse

Die Ausgangsposition für die Aktivitäten und die Maßnahmen im Unternehmen ist eine themenbezogene Risiko-und Sachstandanalyse. Als kontinuierliche oder zumindest regelmäßige Prozesse bieten sich an:

- ein interner Prozess zur Erfassung und Meldung von Vorfällen oder Verdachtsfällen,
- die Überwachung der Schutzrechte,
- ein Konzept zum Schutz von Know-how,
- die Aufnahme des Aspektes „Produktfälschung" in die Analyse von Rückläufern (z. B. im 8D-Report),
- die Marktbeobachtung (siehe Abschn. 6.2.6), z. B. auch durch Spot-Checks, falls keine konkreten Fälle vorhanden sind und

Abb. 6.2 Prozessverlauf
bei der Entwicklung der
Anti-Counterfeit-Strategie

- eine regelmäßige Lagedarstellung und Abstimmung im Rahmen des Kern- und Unterstützungsteams

Je kleiner das Unternehmen ist, umso pragmatischer kann die Umsetzung ausfallen, ohne an Effektivität zu verlieren, z. B. eine mündliche Abstimmung im Rahmen einer Abteilungsleitersitzung, gefolgt von einer Informationsweitergabe im Top-Down-Verfahren.

Planung und Organisation der Prozessabläufe
Um bei konkreten Vorfällen oder in Verdachtsfällen zeitnah reagieren zu können, sollten folgende Abläufe und Prozesse abgestimmt und aufgenommen werden:
- Aufnahme der Ermittlungen, Beweissicherung und Dokumentation
  - Analyse der Fälschung
  - Bewertung der Rechtsverletzung und der Gesetzeslage
  - Sichern von Beweismitteln (Produkt, Rechnungen, Lieferscheine usw.)
  - Dokumentation der Fakten und des Fallhergangs aufnehmen
- Tiefenanalyse und Planungsphase (Aktivierung der Unterstützungsteams nach Bedarf)
  - Evaluierung des Schadens und der potenziellen Risiken
  - Ermittlung des Modus Operandi
  - Ziel definieren, Ressourcen bereitstellen, Zeitrahmen festlegen
  - Mögliche Vorgehensweise aufstellen und abwägen
  - Maßnahmenplan aufstellen und erwarteten Effekt bewerten
  - Vortrag bei der Unternehmensführung zur Entscheidung
- Implementierung der Maßnahmen
- Prüfung der Wirksamkeit der Maßnahmen und gegebenenfalls nach steuern
- Lessons Learned durchführen

Im Kern sollte der Prozess auch hier den vier Elementen des PDCA-Zyklus folgen (siehe Abb. 6.2).

Die Analyse der Fälschung und der Vorgehensweise der Fälscher bei der Produktion und dem Inverkehrbringen spielt oft eine Schlüsselrolle bei der weiteren Bewertung des Falles und der Aufstellung der Gegenmaßnahmen. Das folgende Unterkapitel stellt die wichtigsten Aspekte bei der erweiterten Analyse der Fälschung dar.

6.2   Untersuchung von Fälschungen und Risikoanalyse

6.2.1   Analyse und forensische Untersuchung einer Fälschung

Ermittlungen und Recherchen im Rahmen von Marken- und Produktpiraterie sind oft mit mühsamer Kleinarbeit und langwierigen Lernprozessen verbunden. Schließlich muss der Ermittler neben der klassischen Befragungstechnik und Beweissicherung auch:

- ein bestimmtes Basiswissen über die Marken- und Patentrechte und deren Durchsetzung haben,
- den Markt und die Branche kennen,
- ein technisches Verständnis entwickeln und das zu untersuchende Produkt verstehen,
- die Fertigungsgrundlagen und den Wertschöpfungsprozess kennen bzw.
- die Import-, Export- und Vertriebsverfahren nachvollziehen können.

▶   Um den Fall aufzubereiten und gegebenenfalls juristische Maßnahmen einzuleiten, müssen folgende Fragestellungen präzise beantwortet und möglichst umfangreich mit Beweisen hinterlegt werden:
- Wer hat die Fälschungen hergestellt?
- Wo und wie wurden die Fälschungen produziert?
- Wer hat die Fälschungen vertrieben?
- Wo und wie wurden die Fälschungen vertrieben?
- Wie viele Fälschungen wurden hergestellt und vertrieben (und über welchen Zeitraum)?
- Welche Rechtsverletzung liegt vor?
  - Schutzrechte (Marken- und Patentrecht)?
  - Know-how-Diebstahl?
  - Vertragsrechtsverletzung (Lizenzen)?
  - Betrug?
- Welcher Schaden ist in welcher Form dem Unternehmen entstanden?
- Welche weiteren Risiken oder Schäden für das Unternehmen sind zu erwarten?
- Wurden die Kunden bzw. Verbraucher getäuscht?
- Bestehen Risiken für den Verbraucher?

Das Ziel der Ermittlungen ist zwar immer tatsachenorientiert, doch die Fakten und Indizien sind nicht immer eindeutig und führen auch nicht unbedingt direkt zum Ergebnis. Die gesammelten Fakten und Indizien werden für die Ermittlungen erst wertvoll, wenn sie analysiert und bewertet werden und wenn die richtigen Schlussfolgerungen daraus gezogen werden. Das gefälschte Produkt kann aber schon allein viele Hinweise für die weiteren Ermittlungen liefern. Die folgende Checkliste enthält eine Auswahl an Kriterien, die konsequent geprüft werden sollten. Zusätzlich zu der Erläuterung des einzelnen Prüfpunktes sind potenzielle Schlussfolgerungen als Beispiel zugeordnet. Manchmal führen verschiedene Indizien zu der gleichen Schlussfolgerung, das ist oft ein Zeichen dafür, dass die Analyseergebnisse stimmig sind. Wenn man bei widersprüchlichen Indizien oder Schlussfolgerungen endet, ist es hilfreich, von vorne zu beginnen, um die Schlüsselstelle zu finden. Es empfiehlt sich, für das zu untersuchende Produkt eine entsprechende Ergebnisliste aufzustellen und systematisch zu füllen (s. Tab. 6.1). Für die Bewertung des Sachverhaltes können Visualisierungstechniken, wie z. B. Mind-Map, hilfreich sein.

Neben den in der Tabelle genannten Faktoren könnten je nach Produkt oder verfolgtem Ziel auch noch weitere Merkmale von Bedeutung sein.

Bei der Analyse und Ermittlung von Fakten darf man die Sicherstellung von Beweisen nicht aus den Augen zu verlieren. Neben den für die interne Bewertung und Ermittlung benötigten Unterlagen sollte man sich in Rücksprache mit dem Patent- oder Rechtsanwalt auch auf die Gerichtsverwertbarkeit der Beweise konzentrieren.

6.2.2 Präventive Risikoanalyse für das eigene Produkt

Bei neuen Produkten und Vertriebskonzepten ist eine präventive Risikoanalyse empfehlenswert, um potenzielle Angriffspunkte von Fälschern zu evaluieren und Gegenmaßnahmen einzuplanen. Im besten Fall kann eine präventive Gegenstrategie die Produktion von Fälschungen im Keim ersticken. Um die Risikobewertung effektiv und konzentriert vorzunehmen, ist die Definition des Schutzzieles der erste Schritt bei der Risikoanalyse. Dies bedingt folgende Fragestellung:

▶
    a. Soll die Marke geschützt werden oder ein bestimmtes Know-how?
    b. Soll ein Produkt betrachtet werden oder eine Produktreihe/ein Produktportfolio?
    c. Soll das ganze Produkt geschützt werden oder nur ein besonders sensibler Teil?
    d. Sind alle Regionen/Länder relevant oder gibt es priorisierte Absatzmärkte?
    e. Sind besondere (Sicherheits-)Risiken mit einer Fälschung verbunden?
    f. Sind alle relevanten Prozesse im Unternehmen oder sind auch Lieferanten zu berücksichtigen?

Tab. 6.1 Roter Faden für die Analyse einer Fälschung

Kriterien	Bewertung/Bemerkungen
Art der Rechtsverletzung	Markenrechtsverletzung, Patentrechtsverletzung, Verletzung Geschmacks-/Gebrauchsmusterrecht
Welche Rechtsverletzung liegt vor? *Wo wurde die Rechtsverletzung begangen?* *Sind die Schutzrechte in ausreichender Form gesichert?*	
Design/äußere Form	Ähnlichkeitsgrad mit dem Original, sklavische Kopie, Teilnachahmung
Die Bewertung gibt Aufschluss über: - *den Grad der Täuschung der Verbraucher durch die Fälscher* - *die Akzeptanz der Fälschung bei den Verbrauchern (vor allem Modeartikel)* - *die Chancen bei der Durchsetzung der Schutzrechte für Geschmacksmuster*	
Fertigungsqualität	hochwertig, minderwertig, aufwendig, toleranztreu
Die Bewertung gibt Aufschluss über: - *Professionalität der Produktionsverfahren der Fälscher (relevant bei Ermittlungen von Fertigungsstätten)* - *Wettbewerbsfähigkeit des Plagiates* - *Täuschungschancen beim Verbraucher* - *Akzeptanz beim Verbraucher* - *evtl. Nutzung gleicher Fertigungsmaschinen/-verfahren* - *ca. hergestellte Stückzahlen unter Berücksichtigung von Kosten/Rendite/Preis* - *Marktchancen*	
Funktionsqualität	fehlerhaft, präzise, Vergleichbarkeit der Original-Features
Die Bewertung gibt Aufschluss über: - *Qualitätsniveau des Produktes und dessen Kernfunktionen (relevant bei Ermittlungen im Bereich Know-how-Abfluss)* - *Konkurrenzfähigkeit des Plagiates* - *Täuschungschancen beim Verbraucher* - *Akzeptanz beim Verbraucher* - *evtl. Nutzung gleicher Fertigungsmaschinen/Lieferanten* - *ca. Stückzahlen unter Berücksichtigung von Kosten/Rendite/Preis* - *Marktchancen*	

Tab. 6.1 Fortsetzung

Kriterien	Bewertung/Bemerkungen
Know-how Herstellung	Spezialprozesse, Spezialwissen, Standardfertigung
Die Bewertung gibt Aufschluss über: - *Niveau des Know-hows bei der Herstellung (relevant bei Ermittlungen im Bereich Know-how-Abfluss oder Suche der Fertigungsstätte)* - *evtl. Know-how-Abfluss aus dem Unternehmen* - *evtl. Nutzung gleicher Fertigungsanlagen/Lieferanten* - *Einschränkung der Herkunftsregion*	
Produkt-Kernelemente	Kostentreiber, Spezialkomponenten, Spezialfunktionen
Die Bewertung gibt Aufschluss über: - *evtl. Know-how-Abfluss aus dem Unternehmen* - *evtl. Nutzung gleicher Fertigungsanlagen/Lieferanten* - *evtl. Lücken im internen Materialfluss* - *Marge der Fälscher*	
Verwendung Original-Teile	Ausschuss, Überproduktion, Schrottaufbereitung
Die Bewertung gibt Aufschluss über: - *evtl. Know-how-Abfluss aus dem Unternehmen* - *evtl. Lücken im internen Materialfluss* - *evtl. Nutzung gleicher Fertigungsanlagen/Lieferanten* - *gegebenenfalls Factory Overrun in eigenen ausgelagerten Produktionsstätten* - *gegebenenfalls Aufbereitung alter Originalteile*	
Verwendung Original-Tools	(ausgesonderte) Maschinen, Matrizen
Die Bewertung gibt Aufschluss über: - *evtl. Lücken im internen Materialfluss* - *evtl. Nutzung gleicher Fertigungsanlagen/Lieferanten* - *gegebenenfalls Factory Overrun in eigenen ausgelagerten Produktionsstätten*	
Potenzielle Know-how-Quellen	gleiche Lieferanten, Berater, Insiderwissen
Die Bewertung gibt Aufschluss über: - *evtl. Know-how-Abfluss aus dem Unternehmen* - *evtl. Lücken bei Lieferantenbeziehungen* - *evtl. Nutzung gleicher externer Berater* - *Ausspähung von Daten oder gehackte IT-Netzwerke*	

Tab. 6.1 Fortsetzung

Kriterien	Bewertung/Bemerkungen
Abweichung vom Original	äußerlich, funktionell
Die Bewertung gibt Aufschluss über: - *mögliche Mängel und Lücken in der Fälscherproduktion* - *Risiken für den Verbraucher* - *Möglichkeit der Sensibilisierung der Verbraucher* - *Wirkung produktbezogener Gegenmaßnahmen*	
Kennzeichnung/Label	Nachahmungsqualität, Überschreiben fremder Marken
Die Bewertung gibt Aufschluss über: - *Verwendung von Produkten anderer Hersteller als Basis für die Fälschung* - *Täuschungschancen beim Verbraucher* - *evtl. Nutzung gleicher Lieferanten* - *technische Ausstattung der Fälscher* - *Umfang der Fälschungen (Größe der Serie)* - *evtl. dient dies als Hinweis für die Grenzbeschlagnahme*	
Enthaltene Einzelkomponenten	Spezialfertigung, Commodity Ware, Zweitmarke
Die Bewertung gibt Aufschluss über: - *Marke der Einzelkomponenten* - *Herkunft der Komponenten* - *Lieferanten des Fälschers* - *gegebenenfalls Höhe der Produktionskosten* - *Ansatz für die Ausarbeitung produktbezogener Gegenmaßnahmen*	
Potenzielle Gefährdung durch die Fälschung	Havarie, Unfall, Gesundheit, Umwelt, keine Gefährdung
Die Bewertung gibt Aufschluss über: - *Risiken für den Verbraucher* - *Gefährdung der Umwelt* - *potenzielle Produkthaftungsrisiken* - *Handlungsverpflichtungen des Unternehmens*	
Vergleich mit Konkurrenzprodukten	Übereinstimmung mit Konkurrenzprodukten?
Die Bewertung gibt Aufschluss über: - *Verwendung von Produkten anderer Hersteller* - *Beteiligung anderer Hersteller beim Fälschungsprozess* - *Herkunft der Fälschung*	

Tab. 6.1 Fortsetzung

Kriterien	Bewertung/Bemerkungen
Vertriebsstrategie	B2B, B2C, Einzel-/Großhandel, C2C, E-Commerce
Die Bewertung gibt Aufschluss über: - *Vertriebswege der Fälscher* - *Potenzielle Gegenmaßnahmen (Grenzbeschlagnahme, Unterlassungsklage)* - *evtl. regionale Abstammung der Fälschung* - *Notwendigkeit für die Ausweitung der Schutzrechte* - *Täuschungsgrad der Verbraucher*	
Geschätze Rendite	Preisermittlung, Ableitung der Stückzahlen
Die Bewertung gibt Aufschluss über: - *hergestellte Stückzahl* - *Potenzial und langfristige Existenzchancen des Fälschers* - *sind eine serienmäßige Herstellung und der Vertrieb lohnend?*	
Preisniveau	Preis in Prozent vom Original (▶ Abschn. 4.2)
Die Bewertung gibt Aufschluss über: - *Vertriebskonzept des Fälschers* - *Preispolitik des Fälschers* - *Täuschungsgrad der Verbraucher* - *Herstellungs- und Vertriebskosten*	
Erkennbare Muster	Einzelteile von einem Hersteller, gleiche Fehler/Abweichungen, Vertriebsstrategie
Die Bewertung gibt Aufschluss über: - *Produktionskonzept des Fälschers* - *Vertriebskonzept des Fälschers* - *Kooperationspartner des Fälschers*	
Weitere Erkenntnisse	Herkunft? Anbringung der Marke nach Import?
gegebenenfalls relevant für weitere Ermittlungen Hinweis für den Antrag auf Tätigwerden der Zollbehörde	

Auch hier wird ein schematisches Vorgehen analog zu der Analyse von Fälschungen empfohlen. Ein möglicher roter Faden ist der Tab. 6.2 dargestellt.

Die zusammenfassende Bewertung nach dem obigen Schema ergibt zwar kein quantitatives Ergebnis, zeigt jedoch die Tendenz des Risikos auf und führt zu möglichen Gegenmaßnahmen.

Tab. 6.2 Roter Faden für die Analyse der Schwachstellen am eigenen Produkt

Kriterien	Bewertung/Bemerkungen
Produktbezeichnung	Markenname, Produktname, Produkttyp, Produkt-ID
Die Informationen dienen der eindeutigen Identifikation des betrachteten Produktes	
Produktkategorie	High-Tech, Elektronik, Maschinenbau, Modeartikel, Lebensmittel, Pharmaerzeugnis, Software

Mögliche Risiken/präventive Maßnahmen:
  - *Zuordnung regionaler Risiken für Produktion und Vertrieb von Fälschungen*
  - *Einschränkung potenzieller Käufergruppen und Absatzmärkte für Fälschungen*
  - *Einschränkung der potenziellen Fälscher durch den Schwierigkeitsgrad des Produktherstellungsverfahrens*	

Produktbestimmung	Investitionsgut, Gebrauchsgut, Verbrauchsgut, Vorleistungsgut

Mögliche Risiken/präventive Maßnahmen:
  - *Möglichkeiten der Kontrolle der Vertriebswege*
  - *Zugangsmöglichkeiten zum Absatzmarkt für potenzielle Fälscher*
  - *Auswahl des Niveaus von Schutzmechanismen (z. B. Investitionsgüter in geringen Stückzahlen können mit besseren Schutzmechanismen ausgestattet werden)*	

Relativer Produktwert (Bezug Vertriebsregion)	sehr hoch (Jahresgehalt), hoch (Monatsgehalt), mittel (Tageslohn), niedrig (< Stundenlohn)

Mögliche Risiken/präventive Maßnahmen:
  - *Bewertung der Attraktivität für potenzielle Fälscher*
  - *Bewertung der Attraktivität einer Fälschung für den Verbraucher*
  - *Einschränkung potenzieller Absatzmärkte für bestimmte Preisgefüge*	

Produktniveau	Innovation, Produktvariation, Nischenprodukt, Standardware, End of-Life-Produkt

Mögliche Risiken/präventive Maßnahmen:
  - *Bewertung der Attraktivität für potenzielle Fälscher (*Abb. 4.5)*
  - *Bewertung des Schadensausmaßes*
  - *Einschränkung der potenziellen Fälscher durch den Schwierigkeitsgrad des Produktherstellungsverfahrens*	

Kern-Know-how	Hardware, Funktion, Software, Fertigungsverfahren, Material, Design

Mögliche Risiken/präventive Maßnahmen:
  - *Fokussierung beim Know-how-Schutz*
  - *Schwierigkeitsgrad für Nachahmer*	

Tab. 6.2 Fortsetzung

Kriterien	Bewertung/Bemerkungen
- Risiken durch Lieferanten und Auftragsfertiger - Know-how-Abfluss durch Produktion und Entwicklung in Risikoländer	
Produktbestimmung	sicherheitsrelevant, sensibel, unbedenklich, Luxusartikel
Mögliche Risiken/präventive Maßnahmen: - *Risiken bei der Produkthaftung* - *Risiken für den Verbraucher* - *Möglichkeiten des Absatzes für Fälschungen*	
Produktionsform	Einzelanfertigung, Klein-, Großserie, Massenprodukt
Mögliche Risiken/präventive Maßnahmen: - *Möglichkeiten der Kontrolle der Vertriebswege* - *Zugangsmöglichkeiten zum Absatzmarkt für Fälscher* - *Auswahl des Niveaus von Schutzmechanismen (z. B. Investitionsgüter in geringen Stückzahlen können mit besseren Schutzmechanismen ausgestattet werden)*	
Bekanntheitsgrad	global, regional, national, lokal
Mögliche Risiken/präventive Maßnahmen: - *Entscheidung über die Ausdehnung der Schutzrechte* - *Bewertung der Marktattraktivität für Fälscher* - *Erkennungschancen durch die Verbraucher (Täuschungsgrad)*	
Vertriebskonzept	Großhandel, Fachhandel, Einzelhandel, OEM, E-Business, Direktvertrieb, zertifizierter Vertrieb
Mögliche Risiken/präventive Maßnahmen: - *Möglichkeiten der Kontrolle der Vertriebswege* - *Zugangsmöglichkeiten zum Absatzmarkt für Fälscher* - *Auswahl der Schutzmaßnahmen* - *Wirksamkeit und Auswahl der kommunikativen Maßnahmen*	
Produktgröße	Brief, Päckchen, Paket, Umzugskiste, Palette
Mögliche Risiken/präventive Maßnahmen: - *Vertriebsoptionen für Fälschungen* - *Möglichkeiten der Kontrolle der Vertriebswege* - *Nutzung des Grenzbeschlagnahmeverfahrens*	
Markenschutz	„global", „regional", national, multinational
Mögliche Risiken/präventive Maßnahmen: - *erweiterte Sicherung der Schutzrechte* - *Voraussetzung für die Durchsetzung der Schutzrechte*	

Tab. 6.2 Fortsetzung

Kriterien	Bewertung/Bemerkungen
- *Untergraben von Schutzrecht-Spekulanten*	
Patentschutz	global, egional, national, multinational
Mögliche Risiken/präventive Maßnahmen: - *erweiterte Sicherung der Schutzrechte* - *Voraussetzung für die Durchsetzung der Schutzrechte* - *Untergraben von Schutzrecht-Spekulanten*	
Schutzmechanismen	Produktaktivierung, interner Know-how-Schutz, Sicherheitskennzeichen, Individualitätsmerkmale, Zerstörungsmechanismen
Mögliche Risiken/präventive Maßnahmen: - *einfacher oder komplexer Nachahmungsaufwand* - *Zusatzkosten* - *Erkennung durch den Verbraucher*	
Zertifikatslabel	CE; WEEE; CCC; GS; RoHS; TÜV; VDE; DIN usw.
Mögliche Schlussfolgerungen: - *gegebenenfalls Verletzung weiterer Rechte bei der Anfertigung von Fälschungen* - *Rückschluss auf den anvisierten Vertriebsmarkt* - *gegebenenfalls Unterstützung einer Unterlassungsklage durch zusätzliche nachweisbare Rechtsverletzungen*	
Outsourcing	Entwicklung; Fertigung; Qualitätsmanagement; Vertrieb; After Sales Service; Entsorgung
Mögliche Risiken/präventive Maßnahmen: - *Risiken des Know-how-Abflusses* - *Möglichkeiten für den Diebstahl von Komponenten oder Material* - *potenzielles Factory Overrun* - *Möglichkeit der Wiederaufbereitung von Ausschuss durch den Entsorger*	
Qualitätsmanagement, Controlling	Ausschuss; Rückläufer; II.-Wahl-Produkte; Überschuss
Mögliche Risiken/präventive Maßnahmen: - *Möglichkeit der Detektion von Fälschungen* - *Analyse von Fälschungen* - *Auswertung von Kundenbeschwerden*	
Individualitätsmerkmale	Plastische Merkmale; Sonderfunktionen; Sonderteile; qualitative Merkmale
Mögliche Risiken/präventive Maßnahmen :	
- *Möglichkeit der Erkennung einer Fälschung durch den Verbraucher* - *Schwierigkeitsgrad für den Nachahmer* - *Durchsetzungsmöglichkeit von Rechtsverletzungen bei Geschmacksmustern*	

Abb. 6.3 SWOT-Methode

Externe Faktoren Interne Faktoren	Opportunities (Chancen)	Threats (Risiken)
Strengths (Stärken)	SO-Strategie	ST-Strategie
Weaknesses (Schwächen)	WO-Strategie	WT-Strategie

Für die Situationsanalyse können neben den beschriebenen Kriterien auch weitere interne oder externe Einflussgrößen von Bedeutung sein. Auch hier kann für eine übersichtliche Darstellung die Anwendung von Analysetechniken wie z. B. die SWOT-Methode angewandt werden (s. Abb. 6.3).

6.3 Organisatorische Maßnahmen

Bei reaktiven Maßnahmen ist der Schaden in gewisser Weise schon erfolgt und die Gegenmaßnahmen können diesen im besten Fall nur begrenzen. Ein Innovator sollte sich deshalb zum Ziel setzen, dem Produktfälscher immer einen Schritt voraus zu sein und Gegenmaßnahmen im Zuge der Produktentwicklung und Vermarktung aufsetzen (s. Abb. 6.4).

6.3.1 Schutz der Markenrechte und Patente

Wie in Kap. 3 dieses Buches beschrieben, werden in der Regel erst durch die Anmeldung der gewerblichen Schutzrechte die Schutzvoraussetzungen geschaffen, die dem Rechteinhaber auch bei der Durchsetzung der rechtlichen Ansprüche gegen Produkt- bzw. Markenfälscher dienlich sind.

Bei der Anmeldung von Schutzrechten spielt neben dem Aufwand auch der finanzielle Aspekt eine Rolle. Um eine wirtschaftliche und effektive Lösung zu finden, ist gezielt *IP-Management* zu betreiben. Bei der Entscheidung, welche Anmeldungen vorgenommen werden, sollte neben dem aktuellen Geschäftsmodell und den wirtschaftlichen Aspekten auch die langfristige Strategie des Unternehmens berücksichtigt werden. Der Umfang der Registrierung sollte im Wesentlichen mindestens folgende Regionen erfassen:

- Länder mit Produktion eigener Produkte,
- Länder, in denen die Produkte vertrieben werden,
- Länder, die Teil der Logistikkette sind,

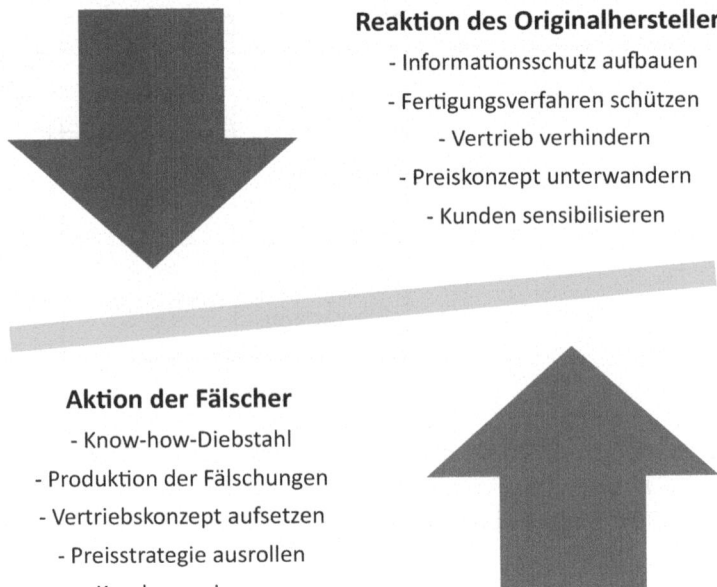

Reaktion des Originalherstellers
- Informationsschutz aufbauen
- Fertigungsverfahren schützen
- Vertrieb verhindern
- Preiskonzept unterwandern
- Kunden sensibilisieren

Aktion der Fälscher
- Know-how-Diebstahl
- Produktion der Fälschungen
- Vertriebskonzept aufsetzen
- Preisstrategie ausrollen
- Kundengewinnung

Abb. 6.4 Allgemeine Abwehrstrategie von Marken- und Produktpiraterie

- Länder mit hohem Absatzpotenzial,
- Länder mit hohem Risiko der Produktfälschung.

Eine strategische Entscheidung ist auch, **ob** grundsätzlich eine Anmeldung erfolgen soll, da diese meistens mit der Preisgabe von Know-how verbunden ist. Wird aus Gründen der Vertraulichkeit auf die Anmeldung verzichtet, sollte unternehmensinterner Know-how-Schutz besonders effektiv und konsequent betrieben werden.

Ein berühmtes Beispiel dafür ist die Coca-Cola-Rezeptur. Diese wird seit über 120 Jahren verwendet und wurde aus Gründen der Geheimhaltung nie patentiert. Die Rezeptur liegt nach eigenen Angaben des Unternehmens im World-of-Coca-Cola Museum in Atlanta in einem gut gesicherten Tresor. Wäre die Rezeptur damals registriert worden, wäre sie bekannt geworden und jeder könnte das Getränk herstellen und verkaufen, da der Patentschutz inzwischen abgelaufen wäre. Vielleicht ist die ganze Story aber auch nur ein Marketinggedanke.

Manchmal ist eine Teilanmeldung der goldene Mittelweg, dadurch wird ein Grundschutz erreicht, das Kernwissen bleibt jedoch geheim. Bei diesem Vorgehen registriert man nur die Patente für Komponenten, Verfahren oder Designelemente, die nach der Markteinführung sowieso bekannt werden oder leicht durch Reverse Engineering zu entdecken sind.

6.3.2   Informationssicherheit und Know-how-Schutz

Der Produktpiraterie geht in vielen Fällen eine weitere kriminelle Handlung voraus und zwar in Form von Wirtschaftsspionage. Dies ist vor allem bei Verfahren, Produkten und Prozessen der Fall, die auf dem Markt noch nicht verfügbar sind oder der Öffentlichkeit nicht zugänglich gemacht werden. Studien des Verfassungsschutzes und von Beratungsunternehmen belegen, dass besonders kleine und mittelständische innovative Unternehmen gefährdet sind, was damit begründet wird, dass das Sicherheitsbewusstsein nur wenig ausgeprägt ist. Die Möglichkeit,ausgespäht zu werden, schon gar nicht vom betriebseigenen Personal, erscheint Unternehmern vernachlässigbar. Eine Statistik des Bundesamtes für Verfassungsschutz besagt, dass es bei Spionagehandlungen zu 70% Prozent Innentäter sind.[1]

Der Verfassungsschutzbericht 2012 zeigt, dass Russland und China nach wie vor staatlich gesteuerte Wirtschaftsspionage betreiben[2] mit dem Ziel, der eigenen Wirtschaft Wettbewerbsvorteile zu verschaffen. Dass jedoch auch „befreundete" Staaten keinen Halt vor Wirtschaftsspionage machen, zeigen auch die jüngeren Entwicklungen und Enthüllungen über die Tätigkeiten von Geheimdiensten (z. B. USA im Zuge der Snowden-Affäre). In einem Pressebericht gab Maximilian Burger-Scheidlin, Österreich-Geschäftsführer der Internationalen Handelskammer ICC, eine einfache Antwort auf die Frage, welche Firmen in Europa am meisten gefährdet sind: „Alle, die sich einen massiven Wissensvorsprung zum Markt erarbeitet haben", – also keineswegs nur Großkonzerne, sondern insbesondere KMUs. Das lukrative Geschäft mit Know-how hat auch die organisierte Kriminalität für sich entdeckt, diese Art von Angreifern ist unberechenbar und wenig eingrenzbar. Diesen sehr präsenten Gefahren müssen Unternehmen mit einem umfassenden Konzept zum Know-how-Schutz begegnen.

Unter Informationssicherheit ist der technische Schutz von Daten und Informationen im Rahmen der IT-Sicherheit und Implementierung von physikalischen bzw. organisatorischen Schutzmaßnahmen zu verstehen. Know-how-Schutz stellt als Überbegriff den umfassenden Schutz von Betriebs- und Geschäftsgeheimnissen oder geistigen Eigentums dar, z. B. auch durch Anmeldung der Schutzrechte oder vertragliche Regelungen (s. Abb. 6.5).[3] Um ein hohes Schutzniveau zu erreichen,sollten Informationssicherheit und Know-how-Schutz Teil der Unternehmenskultur werden; es ist also eher ein langfristiger Prozess, der in einem Top-down-Ansatz Einzug ins Unternehmen halten sollte. Dazu sollten unter Berücksichtigung aller hierarchischer Ebenen, der Unternehmensstruktur und des Geschäftsfeldes die Risiken analysiert und strukturiert werden. Das Ergebnis der Risikoerfassung ist die Aufstellung wahrscheinlicher Szenarien sowie die richtige Einschätzung der möglichen Folgen einer wirtschaftskriminellen Handlung für das Unternehmen.[4]

---

[1] Bundesamt für Verfassungsschutz, Faltblatt „Sicherheitslücke Mensch" 2010.

[2] BMI, Verfassungsschutzbericht 2012.

[3] Vgl. von Welser und Gonzales 2007, S. 251.

[4] KPMG, Flyer „Anti Fraud Management" 2006.

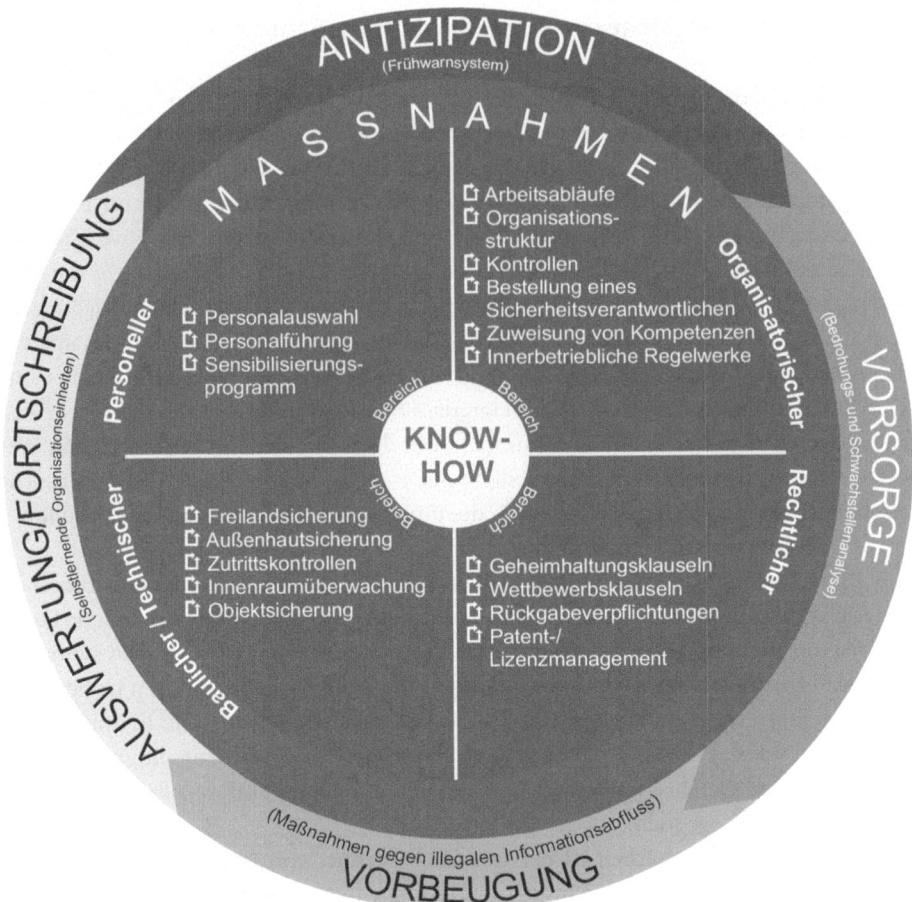

Abb. 6.5 Beispiel eines ganzheitlichen Know-how-Schutzkonzeptes. (Quelle: Landesamt für Verfassungsschutz BW, Broschüre „Know-how-Schutz")

Das Betreiben von Know-how-Schutz ist im Regelfall mit Kosten und Aufwand verbunden, zum Teil werden auch interne Abläufe eingeschränkt. Eine stufenlose Behandlung aller zu schützenden Werte ist aus diesen Gründen ineffektiv. Anhand eines Rasters, wie z. B. in Abb. 6.6, sollte ein Priorisieren der zu schützenden Prozesse, Anlagen, Einrichtungen und Produkte vorgenommen werden.

Bei der Bewertung des Know-how-Schutzes und bei der Erstellung von Sicherheitskonzepten sind folgende Trägermedien zu berücksichtigen:

- Daten und Informationsträger in elektronischer Form (z. B. Festplatte),
- Daten und Informationsträger in Papierform (z. B. Aktenarchiv),
- Informationsträger in materieller Form (z. B. Prototypen),

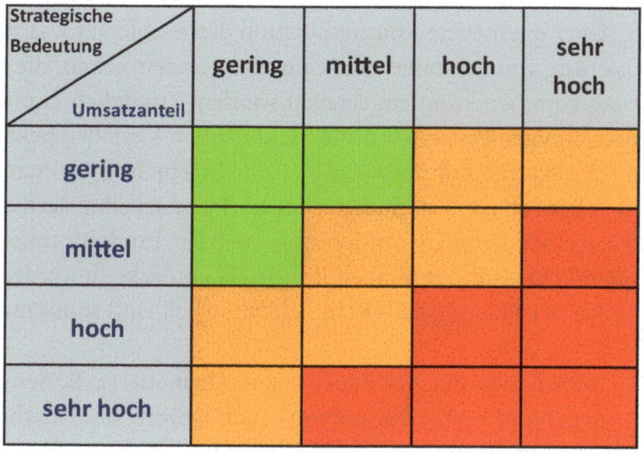

Abb. 6.6 Beispiel für ein Risikoportfolio

Strategische Bedeutung / Umsatzanteil	gering	mittel	hoch	sehr hoch
gering				
mittel				
hoch				
sehr hoch				

- praktische Prozessabläufe (z. B. Fertigungsstraße),
- gesprochenes Wort (z. B. Meetings) und der
- Wissensträger Mensch (z. B. im Gedächtnis eingeprägtes Wissen).

Für Produkte aus den roten Feldern wäre demnach ein ganzheitliches, individuelles und eng gefasstes Know-how-Schutzkonzept empfehlenswert. Produkte, die dem orangenen Feld zugeordnet werden, sollten zumindest einem Standardschutz unterliegen.

6.3.3 Kommunikative Maßnahmen

Die (Massen-)Kommunikation wurde schon immer als Mittel zur Beeinflussung und Willensbildung genutzt und die Propaganda als verschärfte Form der Massenkommunikation wurde und wird immer noch von vielen Strategen, vor allem in zwischenmenschlichen Spannungsfeldern, als Mittel der psychologischen „Kriegsführung" eingesetzt. Der Erfolgsfaktor beruht darauf, dass die Meinung und Einstellung eines Menschen zu einem Sachverhalt, Ereignis oder zu Taten oft nicht auf direktem Erleben und eigener Wahrnehmung beruht, sondern durch sekundär vermittelte Berichte und Darstellungen erst geformt wird. Je nachdem, wer diese Kunst besser beherrscht, hat die Möglichkeit, die Anhänger auf seine Seite zu ziehen.

Durch das Internet und alle anderen neuen Medien ist in der heutigen Zeit nichts einfacher, als die Massen zu erreichen und die Meinung zu lenken.

Eine wirkungsvolle Kommunikationspolitik zur Bekämpfung von Produkt- und Markenpiraterie umfasst sowohl die unternehmensinterne Kommunikation als auch die externe Kommunikation mit Kunden und Veröffentlichungen im Rahmen der Presse- und Öffentlichkeitsarbeit.

Über die interne Kommunikation der Problematik „Produktpiraterie" soll die Sensibilisierung von Personen und Unternehmenseinheiten, die mit Produktpiraterie in Berührung kommen könnten, erreicht werden. Zusätzlich können die zuständigen Stellen und notwendigen Prozesse für die Meldung von Vorfällen bekannt gegeben werden.

Die externe Kommunikation ist mehrschichtig wirksam. Einerseits wird der Kunde vor dem Erwerb von Fälschungen bewahrt und sensibilisiert, um dadurch die bewusste Nachfrage einzudämmen. Andererseits werden Produktpiraten abgeschreckt, da die erhöhte öffentliche Aufmerksamkeit ihr Risiko, entdeckt zu werden, steigen lässt.[5]

Bei der Planung der Öffentlichkeitsarbeit sind somit mehrere Ziele zu berücksichtigen:

- Information der Verbraucher zur Thematik (z. B. Sensibilisierung, Erkennungsmerkmale) und Schutz vor unbewusstem Erwerb von Fälschungen,
- Sensibilisierung der Verbraucher zum bewussten Erwerb durch Darstellung von Risiken und Konsequenzen,
- Abschreckung von Fälschern und Vertreibern von Fälschungen und
- die Einflussnahme auf die Politik durch die Medienpräsenz.

Bei der Formulierung der kommunikativen Maßnahmen, die auf den Absatzmarkt, also an den Verbraucher gerichtet werden, ist Vorsicht und Fingerspitzengefühl geboten. Ein zu scharf formuliertes und aggressiv adressiertes Signal kann beim Kunden Unsicherheiten erzeugen und damit ein Abwenden zu einem Konkurrenzprodukt, welches augenscheinlich nicht von Fälschungen betroffen ist, bewirken. Das kann der Fall sein, wenn bei dem Kunden der Eindruck entsteht, dass von der Fälschung eines Markenproduktes ein hohes Risiko ausgeht und er es sich nicht zutraut, dieses gegebenenfalls zu erkennen.

Die kommunikativen Maßnahmen können innerhalb kurzer Zeit nachhaltige Wirkung sowohl beim Fälscher als auch beim Verbraucher erzielen. Sie sind unter Umständen der bedeutendste Hebel im Kampf gegen die Marken- und Produktpiraterie.

Leider wird diese Vorgehensweise viele zu wenig genutzt, im Rahmen der Buchrecherche konnten selbst bei großen deutschen Unternehmen Unsicherheiten im Umgang mit dem Thema festgestellt werden. Die Kommunikation bezüglich existierender Fälschungen wird restriktiv gehandhabt. Gerade bei Herstellern von Produkten mit hohen Sicherheitsanforderungen, z. B. Automobilhersteller, wäre eine flächendeckende Sensibilisierung und Warnung der Kunden angebracht, wenn Plagiate und Fälschungen mit sicherheitstechnischen Mängeln auf dem Markt festgestellt werden. Der Fälscher wird augenscheinlich als Wettbewerber angesehen und nicht als Betreiber krimineller Geschäfte.

Andere Hersteller reagieren transparent, sehr offensiv und selbstbewusst. Sie sind sich der Innovation und Qualität ihrer Produkte bewusst und bauen auf diese Kunden-Produkt-Beziehung. Sie stellen klar, dass die Plagiate und Imitate im Vergleich zum Originalprodukt von minderwertiger Qualität sind und gegebenenfalls weiteren Schaden hervorrufen können.

---

[5] Vgl. Fussan 2010, S. 168.

Bei der Auswahl und Gestaltung der Kundenhinweise ist auch eine Differenzierung nach Zielgruppen zu berücksichtigen.[6] Diese Zielgruppen können in Käufer, die bewusst Fälschungen erwerben, und in Käufer, die unbewusst Fälschungen erwerben,aufgeteilt werden. Eine entsprechende Argumentation, der Appell an die Moral und die Risikodarstellung kann aus den vorhergehenden Kapiteln entnommen werden. Besonders effektiv ist die Botschaft, wenn sie eine bildhafte, emotionale und kollektive Komponente enthält.[7] Vor einer Veröffentlichung sollten daher gegebenenfalls Kommunikationsfachleute beratend hinzugezogen werden.

Praktisches Beispiel zum Abschnitt „Organisatorische Maßnahmen"

Anmerkung:

Bei diesem Beispiel handelt es sich um eine in Kurzform dargestellte exemplarische Analyse und Bewertung eines gefälschten Mode-Accessoires eines belgischen Markenherstellers. Das Beispiel dient dazu, die Vorgehensweise und Empfehlungen der vorangegangenen Abschnitte zu den organisatorischen Maßnahmen zu verdeutlichen. Die Erläuterungen geben nicht den ganzen Sachverhalt wieder, die aufgeführten potenziellen Maßnahmen sind als Vorschlag zu sehen. Erkenntnisse oder Bewertungen des Inhabers der Marke können hiervon abweichen.

Dieses Beispiel wurde gewählt da vor allem die in diesem Abschnitt beschriebenen organisatorischen Maßnahmen zur Anwendung kommen. Bei Modeartikeln ist es generell eine große Herausforderung, effektive Maßnahmen zu ergreifen,da die Bekanntheit der Marke oder das Design das vordergründige Kaufargument sind und die Käufergruppen mit Qualitätsargumenten sehr schwer zu sensibilisieren sind.

Der erste Schritt beschäftigt sich mit der Untersuchung der Fälschung sowie gegebenenfalls Aufnahme der Ermittlungen, Beweissicherung und Dokumentation der Fakten (Eine ausführliche Vorgehensweise wird in Tab. 6.1 beschrieben).

a. Beschreibung und Bewertung der Fälschung

Bei den Fälschungen handelt es sich um Imitate einer Armbanduhrkollektion, die zurzeit sehr im Trend liegt. Der Preis liegt bei ca. zehn Prozent des Originalpreises. Das äußere Design der Fälschung (Abb. 6.7; A) entspricht augenscheinlich dem Original, zumindest sind die Abweichungen für den Verbraucher nicht erkennbar. Das vorrangige Argument für den Verkauf bzw. Kauf ist jedoch der Markenname, der deutlich auf dem Ziffernblatt und an einigen anderen Stellen aufgebracht wurde. Die Verarbeitung ist qualitativ minderwertig. Das Stanzwerkzeug für die Löcher im Armband wurde schlecht justiert, einigen wurden nicht ganz durchgestochen (Abb. 6.7; B). Die Stellschraube für die Zeiger lässt sich nicht ganz eindrücken und ist entsprechend zu lang bemessen (Abb. 6.7; C). Das Uhrwerk ist sehr klein dimensioniert und wackelt in der Halterung (Abb. 6.7; D). Der verchromte Deckel von der Rückseite der Uhr lässt sich leicht verkratzen (Abb. 6.7; E) und die Aufschrift ist

---

[6] Vgl. Fussan 2010, S. 167.

[7] Vgl. Fuchs 2006, S. 303.

Abb. 6.7 Bilddokumentation einer gefälschten Armbanduhr

fehlerhaft. Die Angabe „Designad Belgtam" müsste auch einem Laien als vollkom-
mener Unsinn vorkommen und somit Verdachtsmomente auslösen. Einige Ziffern
haben sich nach mehrfachen simulierten Stößen gelöst (Abb. 6.7; F). Das Material
fühlt sich insgesamt ziemlich angenehm an, obwohl an dem Hartplastik zum Teil
noch ein leichter Grat haftet. (An der Stelle empfiehlt es sich, eine Materialanalyse
durchzuführen, um gegebenenfalls gesundheitsschädliche Stoffe zu identifizieren.)
Die Zeitmessung weicht auch nach längerer Funktionsdauer nur geringfügig von der
tatsächlichen Uhrzeit ab.
b. Bewertung der Rechtsverletzung
   Die Voraussetzung,dass eine Rechtsverletzung vorliegt,ist die erfolgte Anmeldung
   der entsprechenden Schutzrechte im jeweiligen Land. Anhand von Recherchen
   wurden die Plagiate unter anderem in der Türkei, in Tunesien, Ägypten, Polen oder
   an der spanischen Küste verkauft. Das ist nur dann illegal, wenn die Marke in diesen Ländern registriert wurde. Die Fertigung erfolgte in Asien, auch in diesem Fall
   müssten die Schutzrechte vorhanden sein, um rechtlich gegen den Hersteller vorzugehen. Vorausgesetzt also, die Rechte wurden angemeldet, handelt es sich bei dem
   untersuchten Plagiat sowohl um eine Markenrechtsverletzung als auch um eine Patentrechtsverletzung (Geschmacksmuster).

c. Sichern von Beweismitteln

Als Beweismittel sind aufzunehmen und zu dokumentieren: die gefälschten Artikel selbst, Rechnungen, Lieferscheine bei Online-Erwerb, Fotos von den Verkaufsshops, Händler, Warenauslagen, Namen von Zeugen, Aussagen von Händler usw. Alles kann bei einem rechtlichen Vorgehen oder bei Ermittlungen relevant werden. Bei Fotoaufnahmen vom Verkaufsstand oder Verkaufsshop ist Vorsicht geboten, da einige Händler verständlicherweise abwehrend reagieren.

d. Dokumentation der Fakten und des Fallhergangs

Die Dokumentation ist in einer Form vorzunehmen, um Muster oder Schwerpunkte zu erkennen und die rechtliche Verwertbarkeit der Beweise sicherzustellen. In diesem Fall ist z. B. offensichtlich, dass der Vertrieb vornehmlich in Regionen erfolgt, in welchen europäische Touristen häufig auftreten. Obwohl ein Teil der Fälschungen aus Asien kommt, haben Stichproben im asiatischen Raum keine massive Präsenz aufgezeigt.

Die zweite Phase beschäftigt sich mit der Bewertung des Schadens, einer weiterführenden Analyse des Vorgehens der Fälscher, Definition von Zielen und der Entscheidung über die weiteren Maßnahmen.

e. Evaluierung des Schadens und der potenziellen Risiken

Eine Verfolgung des Falles ist nur sinnvoll, wenn der Schaden und das Risiko für den Markenrechtinhaber relevant sind. In diesem Fall ist folgendes Schadensszenario denkbar:

- Entgangener Umsatz durch potenzielle Käufer, die unbewusst eine Fälschung erwerben aber Originalware kaufen wollten.
- Entgangener Umsatz durch Käufer, die bewusst eine Fälschung gekauft haben, sich aber trotz des höheren Preises sonst Originalware gekauft hätten.
- Entgangener Umsatz durch potenzielle Käufer, die sich vom Produkt abwenden, da es an Exklusivität verloren hat.
- „Abnutzung" des Markenimages
  Eine tiefergehende Bewertung der Risiken kann mit dem Modell aus Abschn. 6.2.2 durchgeführt werden.

f. Ermittlung des Modus Operandi der Produktpiraten

Der Fälscher beabsichtigt, durch Nachahmung der äußeren Form und die Verwendung des Markennamens nicht unbedingt eine Täuschung des Verbrauchers, sondern möchte hier eher eine billige Ersatzmöglichkeit anbieten. Den erstrebten Gewinn will er über den Massenumsatz erreichen. Wie die Analyse des Imitates zeigt, versucht der Fälscher, das Original nach dem Prinzip des kleinsten Widerstandes und der geringsten Investitionen nachzubauen. Er nutzt möglichst viele frei auf dem Markt verfügbare Standardkomponenten und vereinfacht aufwendige Eigenschaften des Originals. Zum Teil werden bestimmte Merkmale, wie z. B. Chronograph,nur optisch aufgesetzt oder, sofern ein gewisser Ähnlichkeitsgrad erreicht wurde, sogar weggelassen. Es ist ziemlich offensichtlich, dass keine originalen Matrizen verwendet wurden, somit ist auch nicht zu vermuten,dass eine Mittäterschaft von eigenen Lieferanten vorhanden ist.

Der Absatzmarkt für die Fälschungen lässt sich zwar nicht exakt eingrenzen, aber der Schwerpunkt auf Regionen mit europäischen Touristen kann festgestellt werden. Die Vertriebskette ist willkürlich, jeder Straßenverkäufer oder Kleinhändler kann die Ware erwerben und anbieten.

g. Ziele definieren
Auf Basis der Schadensbewertung und der vorgeschalteten Analyse können nun Ziele definiert aber auch Szenarien ausgeschlossen werden. Eine mögliche Zielsetzung ist:

– wichtige Absatzmärkte zu schützen,
– „getäuschte" Kunden zu schützen, informieren und sensibilisieren,
– „abtrünnige" Kunden zurückzugewinnen bzw. deren Ausweichen auf Fälschungen zu verhindern.
  Die Ergreifung von technischen Maßnahmen, wie z. B. das Verhindern vor Re-Engineering, machen hier keinen Sinn, da der Fälscher nicht auf die Nachahmung der Technik aus ist. Auch das Ziel, Schadenersatz einzuklagen, wäre finanziell nicht vielsprechend, da wahrscheinlich weder bei dem Hersteller noch bei dem Händler etwas zu holen ist. Trotzdem sollte diese Möglichkeit als Warnsignal in Betracht gezogen werden.

h. Vorgehensweise evaluieren und Maßnahmenplan
Bei der Aufstellung des Maßnahmenplans ist systematisch vorzugehen und der Aufwand und Nutzen der einzelnen Maßnahme abzuwägen. Ein Anhalt für die Bewertung wird in Tab. 6.3 vorgestellt. In Stichpunkten dargestellt sind folgende Maßnahmen aus der Fallanalyse und den gestellten Zielen ableitbar:

– Ausweitung der Registrierung der Marke und Anmeldung des Geschmacksmusters in Länder mit großen Absatzvolumina für die Fälschungen. Die Erweiterung ist neben der EU auf Anrainerländer sowie auf die beliebten Touristenorte zu empfehlen.
– Antrag auf Grenzbeschlagnahme EU weit stellen.
– Rechtliches Vorgehen und Schadenersatzklage medienwirksam gegen größere Händler und Broker einleiten. Die veröffentlichte Information könnte durch die Darstellung von Erfolgen beider Bekämpfung von Schutzrechtsverletzungen abschreckend auf potenzielle Fälscher und Händler wirken.
– Kundenaufklärung auf der eigenen Webseite betreiben. Über den Internetauftritt der Firma könnten die Verbraucher zu dem Thema Produkt- und Markenpiraterie sensibilisiert werden und die Möglichkeit erhalten, Vorfälle zu melden.
– Zuverlässige Quellen für den Erwerb von Originalware veröffentlichen.

Tab. 6.3 Entscheidungsmatrix für Maßnahmen hinsichtlich Nutzen und Aufwand

	Bewertungskriterien/Gewichtung	Maßnahme A	Maßnahme B
Nutzen	**Nachahmung/Reproduktion**		
	1 – einfach 2 – aufwendig 3 – nicht zu erwarten		
	Identifikation durch Verbraucher		
	1 – mit speziellen Geräten 2 – mit Fachkenntnis 3 – leicht erkennbar		
	Wirksamkeit		
	1 – lokal 2 – regional 3 – global		
	Time-to-Market		
	1 – langfristig 2 – mittelfristig 3 – kurzfristig		
	Effekt auf die Marke		
	1 – unbekannt 2 – neutral 3 – positiv		
	Ergebnis Nutzen		
Aufwand	**Herstellungsaufwand**		
	1 – hoch 2 – mittel 3 – gering		
	Entwicklungsaufwand		
	1 – hoch 2 – mittel 3 – gering		
	Kompatibilität mit Design/Funktion		
	1 – gering 2 – mittel 3 – gut		
	Aufwand Roll-Out		
	1 – gering 2 – mittel 3 – gut		
	Kundenakzeptanz		
	1 – gering 2 – mittel 3 – gut		
	Ergebnis Aufwand		
	K.O. – Kriterien (JA/NEIN)		
	Gesamtbewertung		

  – Tracking-Verfahren für Originalware aufsetzen und dem Verbraucher anbieten.
  – Kurze Time-to-Market-Zeiten für neue Designs und Kollektionen einplanen. Da
    die Fälscher nicht so schnell die Produktion umstellen können, besteht für den
    Kunden in einem gewissen Zeitraum nur die Möglichkeit, vom Originalhersteller
    den neuesten Trend zu erwerben.

Nach der Entscheidung der Maßnahmen erfolgt die Implementierung. Gleichzeitig
muss über das Wie und das Wann bezüglich der Wirksamkeitsprüfung entschieden
werden.

6.4   Produktbezogene Gegenmaßnahmen

6.4.1   Technische Maßnahmen

Technische Änderungen am Produkt oder im Herstellungsverfahren sind meistens sehr
kostenintensiv und zeitaufwendig in der Implementierung. Vor der Umsetzung sind technische Maßnahmen gegen den potenziellen Erfolg in der Bekämpfung der Produkt- und
Markenpiraterie, dem damit verbundenen wirtschaftlichen Aufwand und der Kundenak-
zeptanz abzuwägen. Manchmal sind auch Synergien erkennbar, die einen solchen Aufwand zusätzlich rechtfertigen, z. B. können Alleinstellungsmerkmale bestimmte Nischen
im Produktsegment abdecken und zusätzliche Kunden gewinnen.

Die Vorteile der technischen Maßnahmen sind die enge Verbundenheit mit dem Produkt, die Nachhaltigkeit und die Marktunabhängigkeit. Technische Maßnahmen sind bei
Produkten zu bevorzugen, die wertvolles Know-how und Innovationen enthalten, die
nicht preisgegeben werden, sollen oder bei Produkten, deren Vertrieb nicht kontrollierbar
ist (z. B. Einzelhandel weltweit).

Produktbezogene technische Maßnahmen sind im Regelfall langfristige strategische
Maßnahmen die ihren Ursprung schon im Produktentstehungsprozess haben sollten (s.
u. a. Abb. 6.8). Dazu müssen alle an der Entwicklung und Produktion beteiligten Stellen
zum Thema Produktfälschung informiert und sensibilisiert sein. Je nach Fertigungstiefe
müssen auch weitere Stellen, z. B. der Einkauf, hinzugezogen werden. Oft setzten die Lieferanten von Halbzeugen und Komponenten die Weichen für die Fälscher. Dazu müssen
entsprechende vertragliche Vorgaben und restriktiver Know-how-Transfer beschlossen
werden.

Neben der Langfristigkeit sind, wie oben genannt, auch die entstehenden Kosten ein
Nachteil für die Einführung von produktspezifischen Maßnahmen. Eine Bewertung der
Maßnahmen hinsichtlich Nutzen und Aufwand könnte am Beispiel von Tab. 6.3 aufgebaut
werden.

Abb. 6.8 Zusammenfas-
sung der produktbezogenen
Maßnahmen

6.4.1.1   Maßnahmen in der Produktgestaltung

Kapselung   Eine konstruktive Maßnahme am Produkt ist der Einbau von Dekomposi-
tionsbarrieren[8] durch die Kapselung[9] von Know-how-intensiven Komponenten. Dabei
wird bestimmten Komponenten des Produktes ein Selbstzerstörungsmechanismus[10] eingebaut, so dass bei einer Demontage für Reverse Engineering die gekapselten Produkt-
komponenten zerstört werden und nicht mehr untersucht werden können.

Eine mögliche Anwendung ist bei elektronischen Bauteilen das Vergießen von Hard-
warekomponenten[11], das ist jedoch erst dann effektiv, wenn es sich um Komponenten handelt, die nicht handelsüblich sind und schwer identifiziert werden können. Die Identifizierung der Bauteile kann auch durch fehlende Beschriftung von Komponenten erschwert
werden. Auch wenn das keine dauerhafte Barriere darstellt, der Aufwand für den Fälscher
wird in jedem Fall erhöht und schafft zumindest einen Zeitvorsprung.

Eine analoge Wirkung kann man auch mit Selbstzerstörungsmechanismen erreichen,
sie bewirken eine dauerhafte Zerstörung des Produktes oder wesentlicher Komponenten,
sobald versucht wird, diese zu zerlegen. Eine mögliche Anwendung wäre z. B. der Einbau
eines Bauteils aus stark korrosivem Material unter Schutzgaseinschluss, das beim Öffnen
des gasdichten Gehäuses durch Korrosion beschädigt wird.[12]

Leider – in diesem Fall – sind auch die Reverse-Engineering-Techniken sehr fortge-
schritten und ermöglichen zum Teil sogar Laien, das Äußere, Innere und die Funktion von
Produkten aufzudecken und originalgetreue Nachahmungen zu generieren (3D-Scanner,
Röntgenanalyse, computerbasierte Simulationen).

De-Standardisierung   Als nächste konstruktive Schutzmaßnahme im Rahmen der Produktgestaltung sei die De-Standardisierung genannt. Eine Auswirkung dieser Maßnahme
ist die Irreführung[13] der Fälscher, indem man bestimmten Bauteilen für Dritte unerkenn-

---

[8] Vgl. Hoffmann 2009, S. 72.

[9] Vgl. Abele et al. 2011, S. 49.

[10] Vgl. Fussan 2010, S. 76.

[11] Vgl. Abele et al. 2011, S. 49.

[12] Vgl. Neemann und Schuh 2011, S. 295.

[13] Vgl. Abele et al. 2011, S. 49.

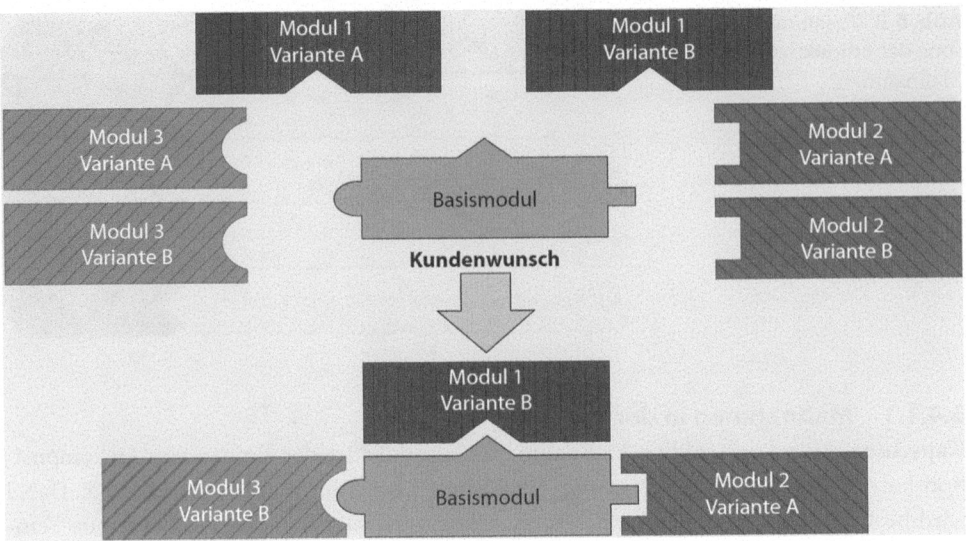

Abb. 6.9 Prinzip der Modularisierung. (Quelle: Abele et al. 2011, S. 52)

bar individuelle Merkmale (z. B. Maße, Materialbeschaffenheit) verleiht, die für eine ein-
wandfreie Funktion des Produktes maßgeblich sind. Wird das Produkt stattdessen vom
Fälscher mit Standardbauteilen versehen, sollten Qualitätsmängel oder Funktionsstö-
rungen auftreten. Eine weitere Auswirkung ist, dass dieses Bauteil nicht auf dem freien
Markt erhältlich ist und so den Beschaffungsaufwand für potenzielle Fälscher erhöht. Da
eine De-Standardisierung in vielen Fällen auch ein Kostentreiber ist, sollte man sich auf
Bauteile einschränken, die eine Steigerung der Produktfunktionalität[14] hervorrufen. Als
Nebeneffekt erhält man Alleinstellungsmerkmale, welche gegebenenfalls die Marktchancen positiv beeinflussen und eventuell dem Verbraucher auch als Identifikationsmerkmal
für die Echtheit des Produktes dienen können.

Ähnlich wirksam wie eine De-Standardisierung ist auch die *Erhöhung der Komplexität* in der Produktgestaltung oder -fertigung. Da auch Fälscher kostendeckend arbeiten
müssen, werden somit für Produkte mit hohem Fertigungsaufwand Imitationsbarrieren
geschaffen.[15] Der Originalhersteller hat gegebenenfalls trotzdem die Möglichkeit, durch
hohe Stückzahlen und spezialisierte Fertigungsverfahren die Fixkosten niedrig zu halten.

Modularisierung Eine weitere Möglichkeit, den Zugriff der Produktpiraten auf das
Gesamtprodukt zu verhindern, ist die Modularisierung[16]. Modularisierung bedeutet, ein
Produkt anzubieten, das aus mehreren unabhängigen, miteinander kompatiblen Kompo-
nenten zusammengesetzt ist (s. Abb. 6.9).[17]

---

[14] Vgl. Abele et al. 2011, S. 50.

[15] Vgl. Hoffmann 2009, S. 71.

[16] Vgl. TU München 2006, S. 10.

[17] TCW 2007, S. 50.

Meist besteht das Gesamtprodukt aus einem Basismodul, das durch Zukauf und Upgrades mit weiteren Modulen in der Funktionalität erweitert oder verbessert werden kann. Da es für Fälscher schwieriger ist, das Know-how für ein Gesamtkonzept statt für ein Einzelprodukt zu erwerben, wird hier eine Barriere für Fälschungen geschaffen. Bietet ein Hersteller ein modularisiertes Produkt an, steigt auch beim Verbraucher das Interesse, ausschließlich Originalteile zu erwerben, um die Kompatibilität und die ganzheitliche Funktionalität nicht zu gefährden.

Time-to-Market Management Durch die *Beschleunigung der Innovationszyklen*[18] kann man den Produktlebenszyklus von gefälschten Produkten kappen und zusätzlich die Interessen der Verbraucher zu neuen Originalprodukten lenken. Auch bei gefälschten Produkten wirken sich die betriebswirtschaftlichen Aspekte gnadenlos aus und auch ein Fälscher muss sich an der Nachfrage orientieren. Je kürzer der Produktmarktzyklus ist, umso wirkungsvoller ist diese Schutzmaßnahme, da die Fälscher weniger Zeit haben, ihre Nachahmungen auf den Markt zu bringen.[19] Bei einem Neuerwerb prüfen viele Verbraucher zuerst die aktuellen und innovativeren Produkte, bevor sie eventuell andere Faktoren, wie z. B. den Preis, in die Kaufentscheidung einfließen lassen. Auch komplexe Produkte, die in der Fertigung eines besonderen Know-hows bedürfen, sind durch diese Maßnahme besser geschützt. Der Reverse-Engineering-Prozess beim Fälscher wird dadurch auch zeitlich verlängert, das bedeutet neben den erhöhten Kosten auch eine geringere Nachfrage. Voraussetzung, dass diese Strategie aufgeht, ist ein konsequenter Schutz des Know-hows und die Bindung der Wissensträger an das Unternehmen. Neben der positiven Wirkung gegen Produktpiraterie hat diese Maßnahme natürlich auch den Haupteffekt, dem Kunden immer wieder ein neues innovatives Produkt anzubieten und somit Marktanteile zu behalten oder gar zu gewinnen.

6.4.1.2 Anwendung von Sicherheitssystemen
Produktaktivierung Eine Möglichkeit, durch technische Sicherheitsmerkmale einen Produktschutz zu erreichen, ist die Produktaktivierung. Die Produktaktivierung als Kopierschutz ist vor allem bei Software oder softwaregesteuerten Produkten sinnvoll. Der Anwender muss dabei einen vom Hersteller separat gelieferten Aktivierungscode eingeben, um das Produkt nutzen zu können.[20] Der Einsatz von Aktivierungscodes bei Software ist preisgünstig und einfach realisierbar, auch die Akzeptanz beim Verbraucher ist relativ hoch. Falls die Aktivierung nicht erfolgt, muss gewährleistet sein, dass der Nutzer das Produkt nicht oder nur begrenzt verwenden kann.[21] Bei Investitionsgütern werden

---

[18] Vgl. von Welser und Gonzales 2007, S. 307.

[19] Vgl. Abele et al. 2011, S. 52.

[20] Vgl. Abele et al. 2011, S. 53.

[21] URL: http://www.produktpiraterie.fraunhofer.de/Produktaktivierung.htm, 2008.

Dongels[22] als Aktivierungsmechanismen eingesetzt, um z. B. Maschinenprogramme vor dem Kopieren zu schützen.[23]

Bei der Anwendung von Aktivierungstechniken für mechanische Komponenten könnte eine einmalig vom Anwender durchzuführende Prozedur[24] implementiert werden, die jedoch nur dem Schutz des Originalproduktes gegen die Verwendung durch unberechtigte Personen und nicht dem Schutz gegen Nachahmung dient. Diese Anwendung ist aufgrund der Komplexität nur bei Investitionsgütern relevant.

Produkt- und Komponentenidentifikation Die nächste mögliche Maßnahme, die *Komponentenidentifikation*, basiert auch auf einerprodukteigenen Intelligenz und setzt voraus, dass zumindest ein aktives Produktteil echt ist. Durch entsprechende Programmierung können Anlagen und Maschinen z. B. den Einbau von Zusatzkomponenten oder Ersatzteilen durch die Maschinensteuerung analysieren und auf Echtheit prüfen.[25] Diese Maßnahme findet vor allem zum Schutz vor gefälschten Ersatzteilen Anwendung.

Bei der Anwendung von Identifikationsmechanismen für Produkte existieren Varianten, die für alle verkauften Produkte identische, sowie für Einzelstücke individualisierte Kennzeichnungsmerkmale sind (s. Abb. 6.10). Bei individualisierten Merkmalen lassen sich entsprechend auch Informationen zur Logistikkette herauslesen oder es lässt sich sogar der Bezug zu registrierten Kunden nachvollziehen.[26] Die Anwendung dieser Schutztechnologie ist auch für Massenware anwendbar und wirtschaftlich umsetzbar.

6.4.2 Einsatz von Sicherungstechnologien

Der Einsatz von Sicherungstechnologien oder Kennzeichnungstechniken kann zum Beispiel in Form von:

- Originalitätskennzeichen (z. B. Markenname, Hologramm, IR-/UV-Farbpigmente, Farbcode),
- Unikatkennzeichen (z. B. RFID – Radiofrequenz-Identifikation, Laseroberflächen-Authentifizierung,
- Copy Detection Pattern (CDP) oder
- Identitätskennzeichen (z. B. 1D-Barcode, 2D-Barcode, Seriennummer in Klarschrift) erfolgen.[27]

---

[22] Dongels sind Zusatzgeräte mit Mikroprozessoren, auf denen i. d. R. mathematische Logarithmen gespeichert sind, die für die Maschinensteuerung benötigt werden.

[23] Vgl. Abele et al. 2011, S. 54.

[24] Vgl. Neemann und Schuh 2011, S. 295.

[25] Vgl. Abele et al. 2011, S. 54.

[26] Vgl. Neemann und Schuh 2011, S. 299.

[27] Vgl. Abele et al. 2011, S. 43.

KeySecure Code-Überprüfung

Willkommen beim Bosch Protect Assistenten

Um die Originalität und Integrität der Bosch Produktion sicherzustellen, tragen ausgewählte Bosch-Produkte ein Originalitätssiegel. Durch Prüfung des Siegels und Eingabe einer Sicherheitskodierung auf dem Siegel können Partner und Kunden die Echtheit der Produkte überprüfen.

Schützen Sie Ihr Fahrzeug vor Beschädigungen durch Fälschungen und unterstützen Sie unsere Initiative gegen Markenfälscher durch Ihre Abfrage. Sie geben uns durch Ihre Abfrage die Möglichkeit, bei aufgedeckten Plagiaten Sie eventuell zwecks Rückfragen zu kontaktieren. Damit helfen Sie bei unseren vorbeugenden Maßnahmen zum Schutz der Fahrzeugbesitzer. Vielen Dank!

Ihr Eingabecode

Bitte geben Sie die Sicherheitskodierung Ihres Bosch-Produktes ohne Leerzeichen zur Echtheitsprüfung ein:

Senden

Wenn Ihr Bosch-Produkt das Originalitätssiegel trägt, vergleichen Sie bitte die dargestellten holographischen Sicherheitsmerkmale.

In diesem Fall muss die jeweils einzigartige Nummer im Hologramm mit den 6 letzten Ziffern Ihres Eingabe-Codes übereinstimmen (abgebildete Nummer beispielhaft).

Abb. 6.10 Einsatz von Identifikationsmechanismen. (Quelle: Robert Bosch GmbH)

Durch die Anwendung dieser Sicherungstechnologien können mehrere Schutzziele verfolgt werden:

- der Authentizitätsschutz zur Identifikation eines Originalproduktes durch Kennzeichnung des Produktes oder der Verpackung und zur Erschwerung der Nachahmung,
- der Integritätsschutz der Originalware durch Applikation von Sicherungstechnologien an der Verpackung oder an der äußeren Hülle des Produktes, die ein Öffnen anzeigen,
- die Überwachung der Herkunft des Produktes und der Logistikkette durch Verankerung von Tracking & Tracing-Systemen.

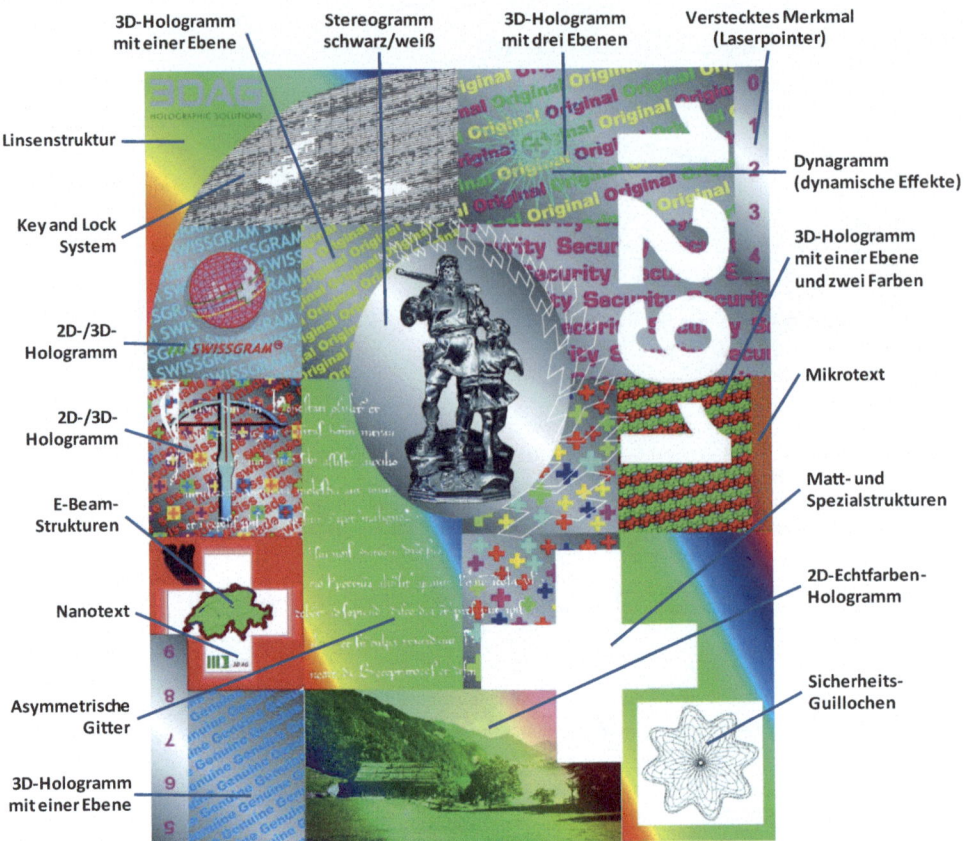

Abb. 6.11 Übersicht über Kennzeichnungstechnologien. (Quelle: Firma 3D AG)

6.4.2.1 Einsatz von applizierten Sicherungsmerkmalen

Bei den applizierten Sicherungsmerkmalen handelt es sich um Kennzeichnungstechniken, die nachträglich am Produkt angebracht werden und nicht in das Produkt integriert sind (s. Abb. 6.11). Diese können in Form von Aufklebern, Anhängern oder Anstrichen gestaltet sein.

Wichtig für die Wirksamkeit dieser Sicherheitstechnologien ist im Allgemeinen,

- dass sie dem zu schützenden Produkt zugeordnet werden können,
- nicht unbemerkt/unzerstört entfernt werden können,
- dass sie vom Verbraucher oder anderen berechtigten Personen in ihrer Echtheit identifiziert werden können,
- dass sie schwer nachzuahmen sind,
- dass sie (ein) individuelle(s) Aussehen/Funktionen haben und
- nicht im freien Handel verfügbar sind.

6.4.2.2   Einsatz von im Produkt integrierten Sicherheitsmerkmalen

Neben den applizierten Sicherheitsmaßnahmen (siehe vorhergehender Abschnitt) ist die Anwendung von im Produkt integrierten Sicherheitsmerkmalen eine weitere Kennzeichnungs- und Identifikationsmöglichkeit. Diese sind zum Beispiel:

- die Integration von Sicherheitselementen (z. B. holografische Merkmale, RFID-Chips) in verschiedene Materialien wie beispielsweise Kunststoffe, Metalle, Lacke oder Farben,
- Verwendung von Pigmenten und Druckfarben mit individuellen Spezialeffekten, die nur unter bestimmten Umständen sichtbar sind (Abb. 6.13) oder
- Lasergravur-Verfahren.

Vorteil dieser Sicherheitsmaßnahmen ist die unlösbare und vorbestimmte Verbindung zu dem Produkt. Dadurch kann vermieden werden, dass die Sicherheitskennzeichnung unberechtigt wiederverwendet wird (z. B. Verwendung gebrauchter Verpackungen und Sicherheitsanhänger zur Kennzeichnung von gefälschten Produkten). Die nachträgliche An- und Einbringung in ein No-Name-Produkt wird erschwert und die Nachahmung bedarf kostenintensiver Nachbearbeitungsprozesse.

Wie bei allen Sicherheitstechnologien muss sich der Anwender auch hier die Fragen stellen:

- Was ist mein Zielkreis (Fachhandel, Einzelhandel, Behörde, OEM)?
- Wie kann der Verbraucher das Sicherheitsmerkmal identifizieren und bewerten?
- Wie schafft man es, den Zielkreis über das Sicherheitsmerkmal zu informieren und zu schulen?
- Ist der Verbraucher bereit,gegebenenfalls zusätzlichen Aufwand und Investitionen in Kauf zu nehmen?

intraGRAM® – Sichtbarer Schutz mit individuellem Design[28]

intra**GRAM**® ist ein Sicherheitsmerkmal, das dank fortschrittlicher Nanotechnologie Kunststoffe unverwechselbar markieren kann. Feinste Nanostrukturen verleihen einem Kunststoffgegenstand einen holografischen Effekt. Die Zielgruppen für diese Technologie sind sowohl die B2B- als auch die B2C-Vertriebskette. Die Wirkung erzielt man sofort nach der Integration, da dieses Merkmal offen und ohne den Einsatz zusätzlicher Geräte bewertet werden kann (siehe Abb. 6.12).

Der intra**GRAM**®-Einsatz kann problemlos in neue oder bestehende Spritzgusswerkzeuge integriert werden, nach der einfachen Umrüstung des Werkzeugs kann die

---

[28] Quelle: U-NICA Gruppe – Die U-NICA GruppeU-NICA Gruppe ist eine führende Anbieterin von innovativen und gesamtheitlichen Sicherheitslösungen zum Schutz von Markenprodukten und Wertdokumenten vor Fälschung. Das international tätige Unternehmen liefert maßgeschneiderte Lösungen für Industrie, Dienstleister und staatliche Institutionen (www.u-nica.com).

Abb. 6.12 Anwendungsbeispiel für intra**GRAM**®. (Quelle: U-NICA Gruppe)

Produktion der markierten Spritzgussteile sofort beginnen. intra**GRAM**® ist für die heute in der Industrie üblicherweise genutzten Kunststoffe geeignet.

intra**GRAM**® bietet folgende Merkmale:

- fester Bestandteil des Produktes,
- Mehrwert als Design-Element,
- mit bloßem Auge erkennbar,
- es sind keine zusätzlichen Produktionsschritte für die Anwendung erforderlich (Es müssen keine Etikettiermaschinen in den Produktionsprozess integriert werden, um z. B. einen Hologrammsticker auf das Produkt zu kleben. Es ist auch kein zusätzlicher Druckschritt notwendig. Der Herstellprozess kann so belassen werden, wie er ist.).

Um die Effektivität der Anwendung zu gewährleisten, muss der Markeninhaber kommunizieren, dass ein intra**GRAM**® auf dem Produkt enthalten ist. Eine Möglichkeit, den Verbraucher zu sensibilisieren, ist z. B. eine entsprechende Darstellung auf der Verpackung und eventuell ergänzt mit der Aufschrift *„With Hologram Inside"*.

Da ein Fälscher die Aufschrift auf der Verpackung beliebig weglassen kann, muss der Hinweis auf das Sicherheitsmerkmal durch den Einbau in der Produktwerbung oder auf der eigenen Webseite ergänzt und verstärkt werden.

spectroTAG® – Versteckter Schutz für jedes Produkt[29]

Die spectro**TAG**®-Technologien bieten die Möglichkeit, Produkte schnell und direkt vor Ort zu identifizieren. Die spectro**TAG**®-Merkmale sind einzigartige Produktschutzlösungen auf Substratbasis in Form von Taggants[30]. Die spectro**TAG**®-Taggants sind für das bloße Auge unsichtbar und vielseitig einsetzbar, beispielsweise als Beimischungen in diversen Materialien wie Kunststoffen, Textilien, Flüssigkeiten, Druck- und Anstrichfarben, Lacken und Klebstoffen. Dabei währt der Schutz mit spectro**TAG**® über die gesamte Lebensdauer des Produktes.

spectro**TAG**® bietet folgende Merkmale:

- einfache Integration ohne Änderungen am bestehenden Produktionsprozess,
- unsichtbar unter ultraviolettem Licht,
- spectro**TAG**® kann weder zerstört, kopiert, noch transferiert werden,
- einfache Verifikation mit portablen Readern.

Diese Sicherungstechnologie ist vor allem für das B2B-Business oder für einen entsprechenden eingegrenzten und geschlossenen Kreislauf geeignet. Die benötigten Reader können nur von U-NICA bezogen werden und somit ist die Identifikation des Sicherheitsmerkmales und des Original-Produktes dem vom Markenrechtinhaber definierten Kreis vorenthalten. Dieses macht damit auch eine Nachahmung des Sicherheitsmerkmales praktisch unmöglich.

Eine mögliche Anwendung des spectro**TAG**® ist der Test auf Authentizität eines Produktes bei der Beweisführung für Schadenersatzforderungen oder die Prüfung von Rückläufern vor der Reparatur.

Als Beispiel für einen speziellen Einsatz kann z. B. die Kennzeichnung von Datenträgern, um die Authentizität und Integrität der Daten zu gewährleisten, oder die Kennzeichnung von hochwertigen Original-Kunstobjekten genannt werden (s. Abb. 6.13).

Je nach Ziel und Zweck der Anwendung können die verschiedenen Kennzeichnungstechnologien auch kombiniert werden oder es können auch mit einer Anwendung mehrere Schutzziele erreicht werden (s. Abb. 6.14).

Diese Gegenmaßnahme ist jedoch nur dann effektiv, wenn der Kunde oder Verbraucher ausreichend Kenntnisse oder die Mittel besitzt, um die Originalität des Sicherheitskennzeichens zu prüfen. Dieses ist insbesondere bei Massenprodukten im Einzelhandel schwer sicherzustellen.

Beachtet man zusätzlich den wirtschaftlichen Aspekt, leiten sich mehrere Anforderungen an die Kennzeichnungstechnologie ab, diese sollte:

- eindeutig der Marke zuordenbar (enthält z. B. ein Firmenlogo),
- fälschungssicher (Authentizitätsgarantie),

---

[29] Quelle: U-NICA Gruppe – (www.u-nica.com), vgl. Fußnote 148.

[30] Als Taggant bezeichnet man ein chemisches oder physikalisches Markierungsmittel (oder Kontrastmittel), welches einem Material zugefügt wird, um dieses zu identifizieren oder zu testen.

Abb. 6.13 Anwendungsbeispiel für spectro**TAG**®. (Quelle:
U-NICA Gruppe)

- nicht wiederverwendbar(Integritätsgarantie),
- einfach in der Verarbeitung (Anbringung an das Schutzobjekt),
- resistent (z. B. gegen äußere Einflüsse wie Nässe),
- kostengünstig (im Promillebereich des Produktpreises) sein und
- ein passendes Design (z. B. nach Corporate Design) haben.

Es ist zu berücksichtigen, dass die Möglichkeiten zur Identifikation und der Einsatz von Prüfmitteln je nach Adressat (Experten, Geschäftspartner, Behörde, Endverbraucher) unterschiedlich sind und entsprechend sollte die Wahl der Kennzeichnungstechnik getroffen werden. Bei den Anforderungen an den Identifikationsprozess des Sicherheitskennzeichens ist demnach zu bedenken, dass bei erhöhtem Aufwand die Akzeptanz durch den Verbraucher nicht gegeben ist. Letzteres bedingt Folgendes:

- Die Identifikationsmerkmale müssen einfach zu kommunizieren und zu verstehen sein.
- Die benötigte Zusatzausstattung sollte angemessen bzgl. Aufwand und Kosten sein (angemessen ist z. B. die Nutzung einer UV-Lampe für den Einzelhandel, für den Endverbraucher wäre dies jedoch wiederum eine übertriebene, d. h. unangemessene Anforderung.)
- Ein Abgleich mit Basiskriterien sollte möglich sein, z. B. der Abgleich eines digitalen Bildes mit einer Datenbank oder die Möglichkeit, eine Identifikationsnummer online zu prüfen.

Abb. 6.14 Kombination von Sicherheitselementen. (Quelle: Firma 3D AG)

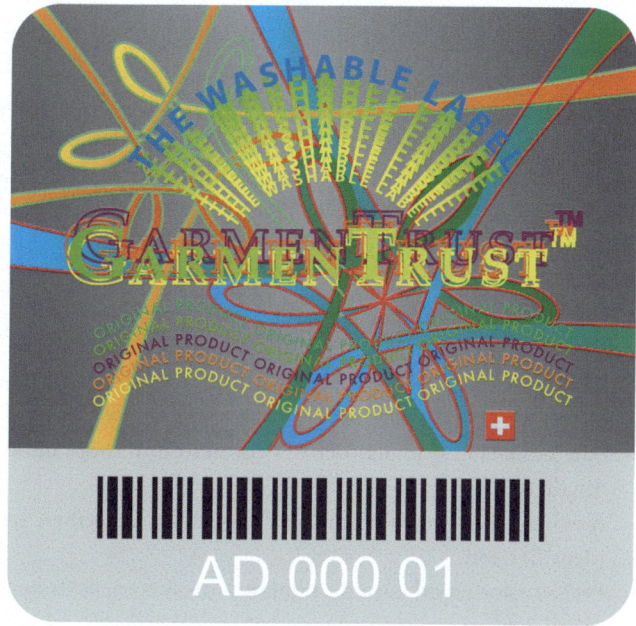

6.4.3 Einsatz von Überwachungs- und Identifikationsmechanismen

Die Marktüberwachung zählt zu den reaktiven Instrumenten, da hiermit die Ausbreitung von bereits produzierten Fälschungen aufgedeckt und eingedämmt werden soll. Gemäß der einschlägigen Umfrage eines Beratungsunternehmens führen 36% der Unternehmen systematisch Marktbeobachtungen, Internetbeobachtungen und Testkäufe durch.[31] Zur Marktüberwachung können sowohl interne Ressourcen und Kanäle genutzt werden, als auch die Dienste professioneller Ermittler mit Spezialisierung auf der Produkt- und Markenpiraterie.

Bei *unternehmensinternen Maßnahmen* kann auf Vertriebsmitarbeiter, Kundenservice oder Vertragshändler[32] zurückgegriffen werden. Durch den Kundenkontakt oder Preis- und Marktanalysen können entsprechende Anzeichen erfasst und bewertet werden. Voraussetzung für den Erfolg ist eine entsprechende Schulung der Mitarbeiter zur Erkennung von Fälschungen.

Auch die Teilnahme am *Grenzbeschlagnahmeverfahren* kann man zu den Instrumenten der Marktüberwachung zählen. Zusätzlich zu der Information, dass Fälschungen am Markt sind, kann man sich hier gegebenenfalls noch ein Bild über den Ursprung und den Vertriebsweg machen.

---

[31] Vgl. Ernst & Young AG 2008, Studie zur Marken- und Produktpiraterie.
[32] Vgl. von Welser und Gonzales 2007, S. 359.

In Abschn. 5.3 wurden die Vorteile des *Internets* für den Fälscher dargestellt, die Anonymität und globale Verfügbarkeit machen es zur idealen Verkaufsplattform. Aus diesem Grund ist hier ein Schwerpunkt in der Marktüberwachung zu setzen. Den Dienst einer Überwachung von Angeboten bieten viele Firmen an, der eigentliche Mehrwert liegt jedoch nicht im Aufspüren der Webseiten, sondern in dem Zurückverfolgen eines Internetangebotes zu dem Betreiber der Webseite.[33] Besonders spezialisierte Dienstleister bieten in diesem Zusammenhang ein umfassendes *„E-Channel Management"*[34] an, dabei kann der Kunde:

- einen Gesamtüberblick über die aktuelle Online-Angebotssituation erhalten (z. B., wer bietet tagesaktuell welche Produkte zu welchen Preisen, welcher Verfügbarkeit und welchen Lieferkonditionen an),
- eine Aufstellung angebotener Produkte unterhalb eines bestimmten Schwellenpreises erhalten,
- mögliche Partner, die ein Parallelgeschäft betreiben und andere unseriöse Anbieter identifizieren,
- Preiserosionen erkennen und damit die Vertriebsstrategie unterstützen und
- mögliche Graumarkt- oder gestohlene Ware anhand von Preiskriterien identifizieren.

Es empfiehlt sich, die Sachlage für Produkte, die für das Fälschen „anfällig" sind, über ein Screening im Rahmen der Marktüberwachung festzustellen. Vor allem für die im Online-Handel angebotenen Produkte kann man über dieses Verfahren einen Gesamtüberblick über die aktuelle Angebotssituation erhalten, nach bestimmten Kriterien kategorisieren (z. B. eine Aufstellung angebotener Produkte unterhalb eines bestimmten Schwellenpreises, Preiserosionen identifizieren, mögliche Graumärkte ermitteln) und die Echtheit augenscheinlich bewerten.

Falls durch die Überwachungs- und Recherchemaßnahmen ein begründeter Verdacht entsteht, ist der nächste Schritt, sich Gewissheit über einen Testkauf zu verschaffen – eine wichtige Maßnahme, da die Lieferpapiere, Rechnungen und das Produkt bei einem eventuellen Rechtsverfahren als Beweismaterial dienen können. Der Testkäufer sollte detaillierte Kenntnisse vom Originalprodukt haben, um eine Vorselektion betreiben und gegebenenfalls schnell entscheiden zu können, ob der Kauf eine Fälschung ist. Dies ist insbesondere dann wichtig, wenn es sich um eine hochwertige Fälschung handelt.[35]

---

[33] Vgl. von Welser und Gonzales 2007, S. 360.

[34] Quelle: OpSec Security GmbH; OpSec Security is the global market leader in fighting counterfeits for brands, transaction cards, government documents and currency.

[35] Vgl. von Welser und Gonzales 2007, S. 359.

Praxisbeispiel für ein umfassendes Maßnahmenprogramm zum Markenschutz

Case Study: Xerox' Comprehensive Brand Protection[36]

Ausgangssituation

Xerox, der führende Hersteller von Toner und Druckerpatronen,stellte im Rahmen einer Gefährdungsanalyse signifikante Umsatzverluste und Kollateralschäden durch Marken- und Produktpiraterie fest. Der Schaden ließ sich auf drei verschiedene Gefährdungsszenarien zurückführen. Eines davon waren die Grau- oder Parallelimporte (Abschn. 1.1), die sich durch Preisspekulation nachteilig auf die Hersteller-Kunden-Beziehung in bestimmten Regionen auswirkten. Eine weitere Gefährdung wurde durch die klassischen Fälschungen festgestellt. Neben dem entgangenen Umsatz entstand ein Imageschaden, da getäuschte Kunden die qualitativ minderwertigen Fälschungen nicht als solche erkannt hatten. Das dritte Image- und Umsatzrisiko wurde durch Nachahmerprodukte generiert. Diese Art von Geschäftsmodell ist zwar legal, erzeugt jedoch für den Originalhersteller Nachteile in mehrfacher Hinsicht. Durch die Nutzung von nachgeahmten Produkten mit Qualitätsdefiziten wird einerseits die Qualität des gesamten Systems negativ beansprucht und zweitens können Schäden durch Kompatibilitätsdifferenzen entstehen. In vielen Fällen lastet der Kunde diese Schäden erst mal dem Gerätehersteller an.

Maßnahmen

Gemeinsam mit Xerox hat die Firma OpSec Security GmbH ein Maßnahmenprogramm ausgearbeitet, das sich wie folgt gliedern lässt:

a. **Product Authentication**

   Die Maßnahme zur Produkt-Authentifizierung hat das Ziel, die Identifikation der Originalprodukte durch den Kunden zu ermöglichen, und so den Absatzmarkt für Grauimporte oder Fälschungen einzuengen. Der Einsatz von sogenannten Optically Variable Devices (OVDs) vereint drei verschiedene Stufen und Möglichkeiten zur Authentifizierung:

   – Stufe 1 – Offene Sicherheitsmerkmale: Dieses Sicherheitsmerkmal ermöglicht dem Verbraucher oder den Behörden, die Echtheit des Produktes zu prüfen (Abschn. 3.4).

   – Stufe 2 – Verborgene Sicherheitsmerkmale: Dieses Merkmal kann nur mit speziellen Geräten gelesen werden. Es dient z. B. für den Einsatz in zertifizierten Vertriebskanälen oder bei Behörden.

   – Stufe 3 – Forensischer Schutz: Dieses Sicherheitsmerkmal ist nur für die interne Analyse bestimmt.

b. **Track & Trace**

   Diese Maßnahme hat das Ziel, die Produkte über die gesamte Produktions- und Vertriebskette zu verfolgen. Damit kann z. B. die Rückverfolgung von Parallelimporten aufgenommen und können so unsichere Vertriebskanäle kontrolliert werden.

c. **Online Brand Protection**

---

[36] Quelle: OpSec Security GmbH.

Mit speziellen Applikationen und geschultem Personal sammelt OpSec Daten aus dem E-Business-Sektor (einschließlich B2C, B2B und weitere Einzelhandelsshops, die offen Fälschungen vertreiben). Diese werden dann nach bestimmten Kriterien sortiert und hinsichtlich möglicher Verdachtsmomente auf Fälschung oder andere Illegale Handlungen bewertet.

d. **Investigative Deep Dives**

Bei sich erhärtenden Verdachtsmomenten wird im Rahmen dieses Programmbestandteils eine tiefgründige Ermittlung angestoßen, deren Ziel ganz konkrete Information zum Fälscher sind, wie z. B. Adresse, Satellitenbilder von verdächtigen Einrichtungen, Webidentität, Informationen für den Aufbau einer rechtlichen Klage.

e. **Price Variation Analysis**

Die Analyse des Preisgefüges auf dem Markt kann auch Hinweise zur Präsenz von Fälschungen geben. Preisgefälle deuten oft auf Preisdumping hin, welches durch den Verkauf von billigen Imitaten oder Grauimporten verursacht werden kann.

f. **Covert Buys**

Wenn man als Markenrechtsinhaber offen bei einem potenziellen Fälscher auftritt oder ihn z. B. durch eine Unterlassungsklage vorwarnt, besteht Verdunklungsgefahr. Durch verdeckte Testkäufe kann man sich in konkreten Verdachtsfällen Sicherheit verschaffen und vor allem Beweismittel sammeln.

Ergebnis

Dank dem Einsatz dieses Anti-Counterfeit-Maßnahmenprogramms konnte der Originalhersteller seinen Schaden senken und die Übersicht über die Marktsituation in Sachen Fälschungen gewinnen. Unter anderem wurden nicht autorisierte Geschäfte mit Parallelimporten in Millionenhöhe verhindert, interne Lücken im Produktions- und Logistikprozess aufgedeckt und beseitigt sowie Produktionsstätten von Fälschern ermittelt und auf dem Rechtsweg bekämpft.

Die vollständige Falldarstellung kann nach Anmeldung unter http://info.opsecsecurity.com/xerox-comprehensive-brand-protection-0 gefunden werden.

Besonders im Ausland sollten die Ermittlungen und Testkäufe von einheimischen Privatermittlern geführt werden. Neben der Möglichkeit, unauffälliger vorzugehen, haben diese auch die besseren Netzwerke. Gerade in Ländern wie China ist dies ein Muss. Da der Detektivberuf in der Volksrepublik China verboten ist, muss man wissen, dass private Ermittler offiziell als Berater oder als Angestellte eines Anwaltsbüros auftreten.[37]

Der Schlüssel zum Erfolg und zur Effektivität von Sicherheitskennzeichnungen oder anderen Identifikationsmerkmalen ist die Bekanntheit beim Verbraucher und dessen Möglichkeit, diese einwandfrei zu identifizieren. Vorausgesetzt, der Verbraucher ist in Bezug auf das Thema Produktfälschungen ausreichend sensibilisiert und er möchte ein Originalprodukt erwerben, müssen immer noch einige Rahmenbedingungen gegeben sein, um die Schutzmechanismen wirksam werden zu lassen. Der Verbraucher muss demnach wissen,

---

[37] Vgl. Fuchs 2006, S. 133.

Abb. 6.15 Anwendung von
scryptoTRACE®. (Quelle:
U-NICA Gruppe)

dass ein Sicherheitsmerkmal vorhanden ist und wie dieses aussieht, außerdem muss er
die Echtheit prüfen können. Je hochwertiger das Produkt ist und je höher der potenzielle
Schaden durch eine Fälschung eingeschätzt wird, umso mehr ist der Verbraucher bereit,
etwas selbst zu tun. Das heißt, es handelt sich hier um eine Bandbreite _ angefangen bei
null Aufwand aufbauend bis hin zu einer gutachterlichen Bewertung. Um die Akzeptanz
zu erhöhen, sollte gerade bei Massenprodukten auf zeitgemäße alltagstaugliche Verfahren
und Mittel zurückgegriffen werden. Dabei sind beim Zielfaktor Endverbraucher vorhandene Mittel und moderne Medien, wie z. B. Smartphone und Internet, sicherlich zu bevorzugen.

scryptoTRACE®-Expertenblick mit einem Klick[38]

Die scryptoTRACE® -Anwendung von U-NICA erlaubt es, Produkte leicht mit einem
Smartphone auf ihre Echtheit zu prüfen. Ein Foto des Etiketts oder der Verpackung
reicht aus, damit die Anwendung sofort das Ergebnis „Original" oder „Fälschung" aus-
weist.

Die systematische Änderung von verschiedenen Markierungselementen für ein Produkt erlaubt es,dem Fälscher einen Schritt voraus zu sein. scryptoTRACE® bietet über-
dies die Möglichkeit, die globale Vertriebskette bis zum Verkaufspunkt zu überwachen.

scryptoTRACE® bietet folgende Merkmale:

- schnell und einfach zu implementieren,
- nahtlose Produktintegration,
- unmittelbare Rückmeldung vom Kunden,
- Echtzeit-Monitoring des Marktes.

Die Effektivität dieser Anwendung hängt auch von der Information und dem Interesse
des Verbrauchers ab. Eine der Aufgaben des Markenartikel-Herstellers bei der Imple-

---

[38] Quelle: U-NICA Gruppe (www.u-nica.com), vgl. Fußnote 148.

mentierung ist also die Sensibilisierung der Käufer für die Risiken und potenziellen Fälschungen über Werbung oder über offene Kommunikation (vgl. Abschn. 6.2.3). Eine Einbindung in bereits existierende Apps von Herstellern ist auch möglich; z. B. wenn neben einem offensichtlich vorhandenen Barcode auch noch zusätzliche, versteckte Elemente überprüft werden.

Praxisbeispiel zum Einsatz von scryptoTRACE®. (Quelle: U-NICA Gruppe)

Ausgangssituation

Ein Markenhersteller aus der Bekleidungsindustrie wurde mit gefälschten Produkten konfrontiert, die die identischen Materialen wie das Original enthielten. Die Produkte stammten jedoch nicht aus der eigenen Vertriebskette, es bestand der naheliegende Verdacht, dass einer der Zulieferer aus dem asiatischen Raum einen Factory Overrun betreibt (vgl. Abschn. 5.2).

Maßnahmen

Mit dem Einsatz eines versteckten Merkmals auf der Verpackung konnte sehr schnell und gezielt ein „problematisches" Produkt geschützt werden, ohne dass ein flächendeckender Einsatz von kostspieligen Schutzvorkehrungen implementiert werden musste. Das Smartphone stellte zudem das ideale Tool dar, da es im asiatischen Markt bei Konsumenten sehr beliebt und verbreitet ist.

Nach Einführung der geschützten Verpackung im Vertrieb konnten innerhalb von bereits wenigen Wochen erste Anhaltspunkte festgestellt werden. Nach ein paar Monaten wurde die Ursache (fehlbarer Zulieferer) eindeutig identifiziert und der Markeninhaber leitete die entsprechenden Maßnahmen ein.

Ergebnis

Dank dem Einsatz desscryptoTRACE® –code konnte der Markenrechtinhaber einen fehlbaren Zulieferer aus dem asiatischen Raum identifizieren. Dieser Lieferant hatte neben dem Markeninhaber auch andere Vertriebskanäle im großen Stil beliefert. Mittels der Markierung der Produkte (wovon der Zulieferer nichts wusste) konnte eindeutig nachgewiesen werden, dass diese Produkte in Regionen und Ländern auftauchten, welche nicht über den regulären Vertriebsweg beliefert wurden.

Aufgrund der sehr positiven Bilanz, bereits kurze Zeit nach der Einführung, hat sich der Markenhersteller entschieden, scryptoTRACE® –code auf die ganze Produktfamilie systematisch anzuwenden und damit diese Produkte weltweit zu überwachen.

6.5 Politische Maßnahmen

6.5.1 Unternehmenspolitische Maßnahmen

Durch betriebspolitische und strukturelle Maßnahmen können Unternehmen vor allem Lücken in der eigenen Wertschöpfungs- oder Logistikkette schließen und so Produkt- und

Markenpiraterie erschweren. Um die betrieblichen Abläufe des Unternehmens und die Schnittstellen zum Markt sicherer zu machen, müssen diese zerlegt und einzeln analysiert werden.[39] Die wesentlichen Aspekte und Folgerungen sind dabei:

- Die Entscheidung bei der *Standortwahl* für einen Kulturkreis mit hohem Unrechtsbewusstsein und gefestigtem Rechtssystem senkt das Risiko des Know-how-Abflusses und verringert gegebenenfalls Kosten für die Absicherung der Infrastruktur und der Prozesse.
- Durch das *Insourcing* von kritischen Prozessen und Kern-Know-how wird der Zugang für potenzielle Fälscher zur Basistechnologie stark erschwert.
- Durch die Auswahl vertrauenswürdiger *und treuer Geschäftspartner*[40] wird der Abfluss von Know-how verhindert und werden gegebenenfalls Kosten für Informationsschutzmaßnahmen minimiert.
- *Kontrolle aller Materialflüsse* in und aus dem Unternehmen, einschließlich der Entsorgungsprozesse, mit dem Hintergrund, den Missbrauch zu verhindern (z. B. Verkauf des Produktionsausschusses durch den Entsorger unter der Vorgabe, es handele sich um originale Qualitätsware).
- Durch entsprechende *Vertragsgestaltung* werden Lieferanten für das Thema sensibilisiert und beim Verschulden des Know-how-Abflusses durch Vertragsstrafen[41] an den Kosten beteiligt.
- Durch gezielte *Personalpolitik* wird die Mitarbeiterbindung erhöht und das Risiko des Know-how-Abflusses durch Abwanderung und Social Engineering gesenkt.
- Durch die Produktion und Vermarktung eines *kostengünstigen Alternativproduktes* können bei hochpreisigen Produkten die Kunden, die sich solche nicht leisten können, vom Kauf von Plagiaten abgehalten werden.[42]
- Durch eine *enge Kundenbindung* (Garantie, Kundenservice, Produktqualität) wird der Absatzmarkt für Fälschungen reduziert und das Fälschen unwirtschaftlich gemacht.
- Durch die Beschleunigung der Innovationzyklen[43] ist man den Fälschern immer mit einer Produktgeneration voraus und verringert deren Absatzchancen.

Falls die oben genannten Maßnahmen nicht möglich oder nicht ausreichend sind, muss das Unternehmen bestehende Lücken mit Überwachungs- und Kontrollmechanismen versehen. Dazu kann das Sicherheitskonzept mit folgenden Maßnahmen ergänzt werden:

- personelle und technische Überwachung der kritischen Infrastruktur und der sensiblen Prozesse,
- Durchführung von Lieferantenaudits,

---

[39] Vgl. Fuchs 2006, S. 218.
[40] Vgl. Sokianos 2006, S. 75.
[41] Vgl. Fuchs 2006, S. 225.
[42] Vgl. von Welser und Gonzales 2007, S. 306.
[43] Vgl. von Welser und Gonzales 2007, S. 305.

- Hintergrundrecherche über Geschäftspartner und Lieferanten durchführen,
- Screening von Personen mit kritischen Berechtigungen,
- Einrichtung einer „Whistleblower"-Hotline oder
- Auslobung von Prämien für die Meldung von Fälschungen.

Vor der Durchführung solcher Maßnahmen ist die regionale Gesetzeslage zu prüfen. Auch wenn die oben genannten Methoden zum Teil moralische Bedenken erzeugen, muss man sich vor Augen halten, dass es um Maßnahmen zur Bekämpfung von kriminellen Handlungen geht und die Gegenseite keine fairen Praktiken anwendet.

6.5.2   Verbands- und Lobbyarbeit

Marken- und Produktpiraterie ist eine globale Problematik und muss somit auch global bekämpft werden. Umfassende Aktionen fordern ein grenzüberschreitendes Handeln, somit ist dem Agieren vieler Behörden und Ämter eine Grenze gesetzt. Oft fehlt es in einigen Ländern auch am Willen, die erforderlichen Maßnahmen zur Durchsetzung der Schutzrechte zu ergreifen, insbesondere wenn dies auf Antrag eines ausländischen Unternehmens passiert.

Durch das geschlossene Eingreifen der Politik mehrerer Länder (z. B. Erklärung der G8-Staaten auf ihrem Gipfel in 2007, der Produktpiraterie den Kampf anzusagen) kann ein effektiver Druck auf die Regierungen der Herstellerländer ausgeübt werden. Der Bundesverband der Deutschen Industrie e. V. hat im Zusammenhang mit dem G8-Gipfel 2007 in Heiligendamm eine Aufstellung der von der Wirtschaft angestrebten politischen Maßnahmen in einer Broschüre aufgelistet[44]:

- Aufklärung von Verbrauchern, Kunden und herstellenden Unternehmen
- Kooperation zwischen Wirtschaft und Justiz, Strafverfolgungsbehörden und Verwaltung in Deutschland
- Kooperation zwischen Wirtschaft und Justiz, Strafverfolgungsbehörden und Verwaltung in Drittländern
- Kooperation zwischen deutschen und ausländischen Verbänden

Eine Bekämpfung der Marken- und Produktpiraterie auf politischer Ebene kann durch ein Unternehmen alleine nicht erreicht werden. Der Weg dahin geht im Regelfall über branchenspezifische Verbände und Organisationen, über massiven Druck von Verbrauchern und Medienaufmerksamkeit. Je sensibler eine potenzielle Produktfälschung ist (gesundheitsschädlich, umweltgefährdend), umso schneller wird die Reaktion auf politischer Ebene sein. Die Unternehmen können durch eigene Publikationen, durch eine Aufklärung der Verbraucher über eine eigene Homepage, Engagement in der Verbandsarbeit mit ein-

---

[44] BDI e. V. 2007, Broschüre „Präventionsstrategien der Deutschen Wirtschaft".

schlägigen Arbeitskreisen und medienwirksamen Aktionen[45] aktiv mitwirken und damit die Politik zum Handeln zwingen.

Die Aktivitäten sollten kontinuierlich sein, um die erreichte politische Aufmerksamkeit beizubehalten. Zum Beispiel ist die rege Teilnahme am Grenzbeschlagnahmeverfahren ein deutliches Signal an Behörden und Politik, dass Aktionen der Staatsführung bei der Bekämpfung der Produkt- und Markenpiraterie gefordert sind.

Zusammenfassung und Bewertung des dargestellten Maßnahmenportfolios

Wie bereits zu Beginn des Buches erläutert wurde, gibt es für ein wirkungsvolles Vorgehen gegen Fälschungen keine Musterlösung, die auf alle Unternehmen und Produkte zutrifft. Jedes Produkt oder Geschäftsmodell muss einzeln betrachtet werden und jedes Unternehmen muss individuell seine diesbezüglichen Risiken und Lücken identifizieren, um dann eine maßgeschneiderte Gegenstrategie zu entwickeln.

In den meisten Fällen reicht eine Maßnahme nicht aus, sondern für ein ganzheitliches Konzept bedarf es eines „Maßnahmen-Buketts", um die Fälschungen zu kontrollieren und einzudämmen. Die Wahl der richtigen Maßnahmen und damit der Erfolg einer Anti-Counterfeit-Strategie hängen auch in großem Maße von der sorgfältigen Analyse der Fälschung, der Beurteilung der Angreifbarkeit der eigenen Produkte und der Ermittlung des Modus Operandi der Produktpiraten ab (s. Abb. 6.16).

Die eingebauten Beispiele verdeutlichen die Vorgehensweise und Systematik bei der Analyse von Marken- und Produktfälschungen und weisen auf mögliche Schlussfolgerungen hin. Durch die Erfolgsstories sollen betroffene Marken- und Patentrechtinhaber zur Ergreifung von Gegenmaßnahmen ermutigt werden.

---

[45] Vgl. von Welser und Gonzales 2007, S. 365.

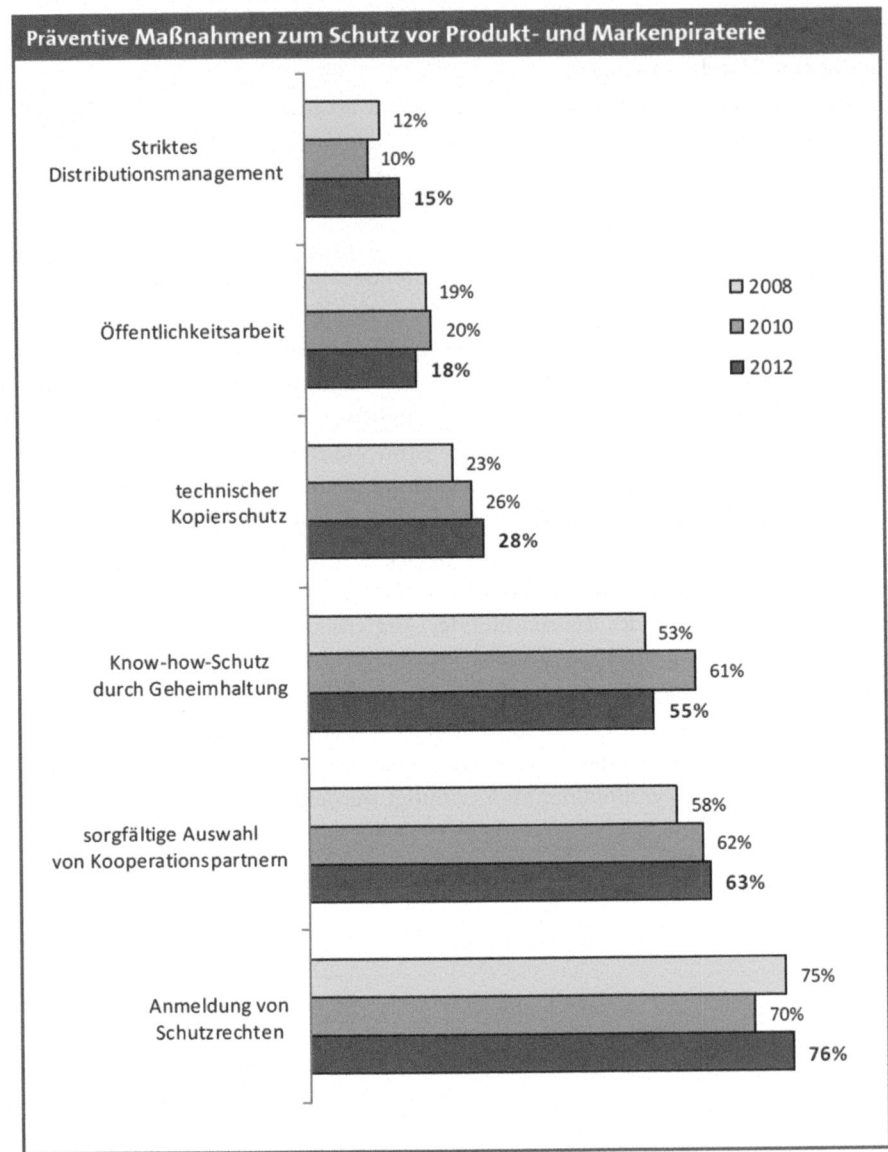

Abb. 6.16 Rangfolge von präventiven Maßnahmen im deutschen Maschinen- und Anlagenbau. (Quelle: VDMA-Umfrage 2012)

Unterstützung durch Verbände und Organisationen

7

Zusammenfassung

Viele von Marken- oder Produktpiraterie betroffene Unternehmen besitzen intern nicht das erforderliche Know-how, die finanziellen Ressourcen oder eine entsprechende Aufbauorganisation, um eigenständig gegen Fälscher vorzugehen. Zusätzlich ist eine gewisse Marktmacht und Medienwirksamkeit erforderlich, um bestimmte Maßnahmen auszulösen oder die erforderlichen Weichen zu stellen. Ein Unternehmen allein ist kaum in der Lage, die erforderlichen Initiativen auf politischer Ebene anzuregen und durchzusetzen. Der Weg dahin geht im Regelfall über branchenspezifische Verbände und Organisationen, über massiven Druck von Verbrauchern und über Medienaufmerksamkeit. Viele branchenspezifische Organisationen haben dies erkannt, befassen sich gezielt mit dem Thema oder bieten den Mitgliedsunternehmen eine Plattform für den Austausch und die Zusammenarbeit mit anderen Betroffenen an. Neben den nichtstaatlichen Verbänden gibt es auch staatliche Organisationen oder Behörden, die einschlägige Programme anbieten oder beratend tätig sind.

7.1 Deutsche Verbände und Organisationen

Aktionskreis Deutsche Wirtschaft gegen Produkt- und Markenpiraterie e. V. (APM) Der APM ist ein Verband, der vom Deutschen Industrie- und Handelskammertag (DIHK), dem Markenverband und dem Bundesverband der Deutschen Industrie (BDI) gegründet wurde. Ziel des APM ist die Bekämpfung der Marken- und Produktpiraterie. Der APM ist branchenübergreifend tätig[1] (Webseite: www.markenpiraterie-apm.com).

---

[1] Siehe auch: www.markenpiraterie-apm.de.

K. M. Grigori, *Prävention und Bekämpfung von Marken- und Produktpiraterie,* DOI 10.1007/978-3-658-05459-5_7, © Springer Fachmedien Wiesbaden 2014

Aktion Plagiarius e. V. Die Aktion Plagiarus e. V. hat sich die Aufklärung und Sensibilisierung der Öffentlichkeit bezüglich des Problems der Produkt- und Markenpiraterie und deren negative (volks-)wirtschaftliche Auswirkungen als Ziel gesetzt. Der Verein bietet auch Hilfe und Beratung für Betroffene an[2] (Webseite: www.plagiarius.com).

Bundesverband der Deutschen Industrie (BDI) Der BDI ist die Spitzenorganisation der deutschen Industrie und der industrienahen Dienstleister. Er spricht für 38 Branchenverbände, 15 Landesvertretungen und mehr als 100.000 Unternehmen mit rund 8 Mio. Beschäftigten[3] (Webseite: www.bdi-online.de).

ConImit ConImit ist eine kommerzielle Kommunikationsplattform für registrierte Mitglieder zum Austausch von Informationen und präventiven Schutzmaßnahmen gegen Marken- und Produktpiraterie[4] (Webseite: www.conimit.de).

Deutscher Industrie- und Handelskammertag (DIHK) Als Dachorganisation der 80 deutschen IHKs übernimmt der Deutsche Industrie- und Handelskammertag (DIHK) im Auftrag und in Abstimmung mit den IHKs die Interessenvertretung der deutschen Wirtschaft gegenüber den entscheidenden Gremien der Bundespolitik und den europäischen Institutionen[5] (Webseite: www.dihk.de).

Gesellschaft zur Verfolgung von Urheberrechtsverletzungen (GVU) Die GVU ist eine von den Unternehmen und Verbänden der Film- und Unterhaltungssoftwarewirtschaft getragene Organisation. Ihre Aufgabe besteht in der Aufdeckung von Verstößen gegen die Urheberrechte ihrer Mitglieder und die Mitteilung dieser Verstöße an die Strafverfolgungsbehörden[6] (Webseite: www.gvu.de).

Markenverband Der Markenverband vertritt die Interessen der markenorientierten Wirtschaft in Deutschland. Dem Verband gehören knapp 400 Mitglieder an, die für einen Markenumsatz im Konsumgüterbereich von über 300 Mrd. € und im Dienstleistungsbereich von ca. 200 Mrd. € in Deutschland stehen. Der Markenverband ist damit der größte Verband dieser Art in Europa[7] (Webseite: www.markenverband.de).

Wettbewerbszentrale Die Wettbewerbszentrale ist eine unabhängige Selbstkontrollinstitution der deutschen Wirtschaft mit der Aufgabe, den Wettbewerb im Interesse der Allgemeinheit zu schützen. Sie bietet Informationsdienstleistungen zu allgemeinen und

---

[2] Siehe auch: www.plagiarius.com.

[3] Siehe auch www.bdi-online.de.

[4] Siehe auch: www.conimit.de.

[5] Siehe auch: www.dihk.de.

[6] Siehe auch: www.gvu.de.

[7] Siehe auch: www.markenverband.de.

branchenspezifischen Fragen des Wettbewerbsrechts für die gesamte Wirtschaft und die Öffentlichkeit an[8] (Webseite: www.wettbewerbszentrale.de).

7.2   Internationale Verbände und Organisationen

Deutsche Außenhandelskammer (AHK)   Die AHKs sind die offizielle Vertretung der deutschen Wirtschaft im Ausland im Rahmen der Außenwirtschaftsförderung durch das Bundesministerium für Wirtschaft und Technologie. Sie vertreten zusammen mit den deutschen Auslandsvertretungen (Botschaften und Konsulate) offiziell die Interessen der deutschen Wirtschaft gegenüber der Politik und Verwaltung im jeweiligen Gastland. Die AHKs sind in ihrem Gastland eine Mitgliederorganisationen für Unternehmen und bieten diesen darüber hinaus auch ihre Dienstleistungen an[9] (Webseite: www.ahk.de).

Business Action to Stop Counterfeiting and Piracy (BASCAP)   Die BASCAP ist eine Initiative der Internationalen Handelskammer (International Chamber of Commerce – ICC) mit dem Ziel, das Bewusstsein der Öffentlichkeit für die Gefahren der Marken- und Produktpiraterie zu schärfen[10] (Webseite: www.bascap.com).

Das deutsche Portal der BASCAP heißt „Original ist genial" und ist ein Teil des Projektes, welches zusammen mit den Mitgliedsverbänden Markenverband, Bundesverband der Deutschen Industrie (BDI) und Deutscher Industrie- und Handelskammertag (DIHK) eine digitale Plattform für Deutschland zur Verfügung stellt. Dieses Internetportal soll Interessierten die Möglichkeit bieten, bereits bestehende Unternehmens- und Verbandsaktivitäten auf diesem Gebiet über das Internet abzufragen[11] (Webseite: www.original-ist-genial.de).

Business Software Alliance   Die Business Software Alliance (BSA) ist eine Non-Profit-Organisation zur Unterstützung der Ziele der Softwarebranche und ihrer Hardwarepartner. Der Verband ist in über 80 Ländern aktiv, der Hauptsitz ist in Washington DC, weltweit bestehen elf weitere Büros. Durch die Mitgliedschaft bei der BSA hat man die Möglichkeit, an Aufklärungs- und Marketingkampagnen für Verbraucher, an der Lobbyarbeit zur Formulierung von Policy-Initiativen und an der strafrechtlichen Verfolgung von Software-Piraterie mitzuwirken[12] (Webseite: www.bsa.de).

International Trademark Association   Die International Trademark Association (INTA) ist ein gemeinnütziger Verband, welcher sich der Unterstützung und Förderung von Mar-

---

[8] Siehe auch: www.wettbewerbszentrale.de.

[9] Siehe auch: www.ahk.de.

[10] Siehe auch: www.bascap.com.

[11] Siehe auch: www.original-ist-genial.de.

[12] Siehe auch: www.bsa.de.

ken und dem Schutz des geistigen Eigentums als Bestandteil eines fairen Wettbewerbs widmet[13] (Webseite: www.inta.org).

Welthandelsorganisation (World Trade Organization WTO) Die Welthandelsorganisation ist eine internationale Organisation, die sich mit der Regelung der weltweiten Handels- und Wirtschaftsbeziehungen beschäftigt. Die Organisation ist insofern wichtig, weil das Thema Marken- und Produktpiraterie hier auf politischer Ebene behandelt wird. Sie ist eine eigenständige Organisation im System der Vereinten Nationen. Zurzeit hat sie 151 Mitgliedstaaten[14] (Webseite: www.wto.org).

7.3 Verbände und Organisationen in China

ChinaContact ChinaContact gehört zwar nicht zu der Gruppe von Verbänden und Organisationen, ist aber trotzdem erwähnenswert in diesem Zusammenhang. ChinaContact ist ein kostenpflichtiges Wirtschaftsmagazin des „OWC-Verlag für Außenwirtschaft GmbH" und informiert als eines der wenigen deutschsprachigen Wirtschaftsmagazine über Themen, die deutsche Firmen interessieren, die sich im China-Geschäft engagieren. Jede Ausgabe enthält „APA aktuell", die Informationen des Asien-Pazifik-Ausschusses der Deutschen Wirtschaft[15] (Webseite: www.owc.de).

Delegiertenbüros der deutschen Wirtschaft in China – AHK Greater China Die AHK Greater China ist die offizielle Delegation der deutschen Wirtschaft in der Asien-Pazifik-Region. Sie vertritt die deutschen Wirtschaftsinteressen in der Region und fördert die wirtschaftliche Zusammenarbeit zwischen deutschen und chinesischen Unternehmen. Die AHK unterstützt Mitgliedsunternehmen vor Ort mit Dienstleistungen[16] (Webseite: www.china.ahk.de).

Quality Brands Protection Committee (QBPC) Das Quality Brand Protection Committee ist eine Organisation, deren Mitglieder über 190 multinationale Firmen sind. Diese nehmen sich in enger Zusammenarbeit mit der chinesischen Regierung, den chinesischen Behörden und Verbänden der Thematik der Produkt- und Markenpiraterie in China an. Das QBPC wurde im Jahr 2000 gegründet und gehört zur „China Association of Enterprises with Foreign Investment" (CAEFI)[17] (Webseite: www.qbpc.org.cn).

---

[13] Siehe auch: www.inta.org.

[14] Siehe auch: www.wto.org.

[15] Siehe auch: www.owc.de.

[16] Siehe auch: www.china.ahk.de.

[17] Siehe auch: www.qbpc.org.cn.

Zusammenfassung

In den ersten Abschnitten des Buches wurden die zentralen Begriffe Marken- und Produktpiraterie anhand von rechtlichen Grundlagen und Beispielen erläutert und in den darauffolgenden Kapiteln deren Ausmaße sowie die mittelbaren und unmittelbaren Folgen dargestellt. Ziel dieses Buches ist es, den Leser für das Thema zu sensibilisieren und bei ihm einen gewissen Grad an Betroffenheit zu erzeugen. Denn neben den direkten wirtschaftlichen Schäden für das betroffene Unternehmen bzw. für den Inhaber der Schutzrechte spielen insbesondere der volkswirtschaftliche Schaden und der potenzielle Schaden beim Verbraucher eine Rolle. Hierzu wurden in Abschn. 2 zusätzlich zu den unmittelbaren finanziellen Schäden durch Umsatzverluste oder Täuschung auch mögliche Imageschäden, rechtliche Folgen und gesundheitliche Risiken betrachtet. Zur besseren Einschätzung der Bedrohung und der Risiken durch die Marken- und Produktpiraterie wurden Statistiken und Analysen von verschiedenen Organisationen und Verbänden vorgestellt.

Ein eigenes Kapitel diente der Erläuterung der gesetzlichen Grundlagen in Deutschland und der Europäischen Union für den Erwerb und die Durchsetzung von Schutzrechten im Rahmen des gewerblichen Rechtsschutzes. Nach einer Übersicht zu den verschiedenen Schutzrechten wurden einige Kernaussagen aus dem Marken- und dem Patentrecht vorgestellt. Die Möglichkeiten zur Durchsetzung von Schutzrechten, wie z. B. die zivilrechtlichen Ansprüche des Schutzrechteinhabers und potenzielle strafrechtliche Sanktionen gegen den Rechtsverletzer, runden dieses Bild ab. Als besonderes Werkzeug zur Bekämpfung der Marken- und Produktpiraterie wurde das Grenzbeschlagnahmeverfahren im Detail beschrieben; verschiedene Hinweise und Erfahrungswerte sollen eine effektive Nutzung dieses Zollprogramms erleichtern. Besonders die Beschreibung des Vorgehens der Behörden sowie die Chancen und Risiken dieses Verfahrens sollen bei der Entscheidung zum Antrag auf Tätigwerden der Zollbehörden helfen.

Für die Beschreibung von Marken-, Patent- und Urheberrechtsverletzungen haben sich mehrere Bezeichnungen etabliert, die zum Teil die unterschiedlichen Kategorien berücksichtigen, aber auch oft unter einem Begriff alle Arten von Fälschungen zu vereinen

K. M. Grigori, *Prävention und Bekämpfung von Marken- und Produktpiraterie*, DOI 10.1007/978-3-658-05459-5_8, © Springer Fachmedien Wiesbaden 2014

versuchen. Im Abschn. 4 wurden die gängigsten Möglichkeiten von Fälschungen nach der Art der Rechtsverletzung und nach der Vorgehensweise der Produktpiraten bei Herstellung und Vertrieb aufgezeigt. Dabei wurden die Hintergründe und Strategien der Fälscher zu den einzelnen Themenkomplexen bewertet. Die Beleuchtung der Vorgehensweise bei der Herstellung und dem Vertrieb von Fälschungen ist ein wichtiger Aspekt für die Steuerung der Ermittlungen, die Erschließung des Gesamtbildes und damit für das Festsetzen von effektiven Gegenmaßnahmen.

Die Grundlage für den Aufbau eines Maßnahmenplanes gegen Produkt- und Markenpiraterie bildete die Darstellung des „Modus Operandi" der Produktpiraten, also das Vorgehen der Piraten bei Herstellung und Vertrieb von Fälschungen. Wie beim Originalhersteller spielt auch bei diesem „Geschäftsmodell" der potenzielle Absatzmarkt und der zu erwartende Gewinn die ausschlaggebende Rolle. Auch wenn das Niveau der Unternehmensführung oder die Einflussfaktoren beim Fälscher vom klassischen Unternehmen differieren, so kalkuliert auch er sein unternehmerisches Risiko, seine Kosten und seinen potenziellen Umsatz. Er wird die Unternehmung nur dann beginnen, wenn der zu erwartende Gewinn entsprechend hoch ist. Dieser Aspekt eröffnet dem Originalhersteller eine zweite Möglichkeit, um die Marken- und Produktpiraterie zu bekämpfen. Wenn die Maßnahmen am Produkt keinen Erfolg versprechen, kann das betroffene Unternehmen versuchen, die Kosten für die Herstellung oder den Vertrieb von Fälschungen zu beeinflussen oder den Absatzmarkt des Fälschers zu schwächen und somit das Geschäft unprofitabel zu machen.

Da China als Hochburg für Schutzrechtsverletzungen gilt, wurde explizit erst auf das System der Produktpiraten in China und die Positionierung Chinas zum Thema Produktpiraterie näher eingegangen und diese Betrachtung mit den Empfehlungen für die Praxis abgerundet. Trotz dieser, auf China fokussierten, Darstellung sollte einem bewusst sein, dass der Ursprung für Marken-und Produktpiraterie nicht allein hier liegt. Die Volksrepublik China ist nur eines von vielen Ländern, in denen Marken- und Produktfälschungen als Herstellungsquelle und auch als Vertriebsziel im Fokus stehen. Der Hintergrund, warum gerade China in diesem Buch als Beispiel aufgeführt wird,liegt vorrangig in der Bedeutung Chinas als Absatzland und Investitionsland für deutsche Unternehmen. Die hohe Präsenz der Unternehmen im Land und die zum Teil strengen Auflagen begünstigen den Know-how-Abfluss und der lokale Protektionismus erschwert die Durchsetzung von Schutzrechten.

Empfehlungen und Maßnahmen aus den vorangegangenen Kapiteln wurden im weiteren Verlauf auf die Situation in China projiziert und dementsprechend bewertet. Es wurden einzelne potenzielle Lücken im System und in den Unternehmen dargestellt, die das Herstellen und das Vertreiben von Fälschungen begünstigen. Es besteht jedoch nicht immer eine aussichtslose Situation, auch hier gibt es verschiedene Möglichkeiten zur Durchsetzung der Schutzrechte. Diese differieren im Tenor nicht sehr von den europäischen Rechtswegen. Als Möglichkeiten, auf dem Rechtsweg gegen Marken- und Produktpiraten vorzugehen,wurden das Verwaltungsverfahren, Strafverfahren, Zivilverfahren und das Zollverfahren näher beschrieben und kommentiert – allerdings ist der Erfolg sehr stark mit der Kenntnis um die Rahmenbedingungen verbunden. Es müssen verschiedene kulturelle, politische oder juristische Barrieren überwunden werden und nicht zuletzt Protektionismus, Vetternwirtschaft und Korruption ausgehebelt werden.

Das Kapitel zur Durchsetzung der Schutzrechte in China schließt mit Empfehlungen für die Praxis ab und soll dafür sensibilisieren, bei der Erschließung des Marktes neben den unternehmerischen Prozessen auch die potenziellen Risiken zu betrachten und gezielt Prävention, Informationsschutz und Überwachung des Umfeldes zu betreiben.

Der Schwerpunkt der Arbeit liegt auf dem Aufbau eines ganzheitlichen Konzeptes gegen Marken- und Produktpiraterie;um eine effektive Strategie im Unternehmen aufzubauen, sind in erster Linie organisatorische Maßnahmen erforderlich. Dazu gehört die Benennung einer Task Force als zentrale koordinierende Stelle im Unternehmen und deren Ausstattung mit entsprechenden Kompetenzen. Danach ist eine Analyse des Status quo erforderlich, um den aktuellen Bedrohungsstatus festzustellen und die Risiken, ausgehend von vorhandenen oder potenziellen Produktfälschungen, zu identifizieren. Neben diesen Schritten sind noch zu beachten:

- Koordination der internen und externen Kommunikation,
- Aufsetzen eines Prozesses zur Steuerung von Vorfällen,
- kontinuierliche Marktüberwachung,
- Überwachung der Materialflüsse und der Logistik,
- Anmeldung, Überwachung und Durchsetzung der Schutzrechte,
- Durchführung von Ermittlungen,
- Maßnahmen zum Know-how-Schutz und
- produktbezogene Maßnahmen.

Für die Entwicklung der Gegenmaßnahmen wurde eine Reihe von Instrumenten dargestellt, die produkt- und unternehmensspezifisch angewendet werden können. Die Grundlage für ein Konzept gegen Marken- und Produktpiraterie ist die detaillierte Analyse des zu schützenden Produktes und die Evaluierung der Risiken durch Fälschungen. Eine ausführliche Checkliste zur forensischen Untersuchung von Fälschungen und zur Recherche der Vorgehensweise von Fälschern ergänzt die oben genannte Werkzeugpalette.

Viele Erläuterungen wurden durch praktische Beispiele, Grafiken und Bilder ergänzt, die einen schnellen Einstieg in die Thematik ermöglichen und zu einem besseren Verständnis der aufgezeigten Lösungsansätze führen.

Betrachtet man die einzelnen Aspekte, die Einfluss auf die Thematik haben, so erkennt man die Vielfalt der Wissensgebiete, die eingebracht werden. Es geht um Rechtsgrundlagen, Technik, Betriebswirtschaft, betriebliche Ermittlungen, kulturelle Erfahrungen, Politik und vieles mehr. Bei einem ganzheitlichen Ansatz zur Prävention und zur Bekämpfung von Marken- und Produktpiraterie ist es somit zwingend notwendig,auf Fachexperten zurückzugreifen, damit setzt man den Grundstein für ein effektives und nachhaltiges Konzept. Manchmal muss man auch über die Unternehmensgrenzen hinausgehen und in Verbindung mit entsprechenden Vereinen, Organisationen und anderen Partnerschaften den notwendigen Druck auf die Fälscher aufbauen. Das Ziel ist also nur über Teamarbeit erreichbar.

Literatur

Abele, E., Kuske, P., & Lang, H. (2011). *Schutz vor Produktpiraterie: Ein Handbuch für den Maschinen und Anlagenbau*. Berlin Heidelberg: Springer-Verlag.

Aktionskreis gegen Produkt- und Markenpiraterie e. V. (APM). (2007). *Informationsblatt „Informationen zum Gewerblichen Rechtsschutz in China".*

Blume, A. (2006). *Produkt- und Markenpiraterie in der VR China: Phänomen, Art und Ausmaß*. Dissertation, Trier.

Bundesgesetzblatt Jahrgang 2008 Teil I Nr. 28. (2008). Gesetz zur Verbesserung der Durchsetzung von Rechten des geistigen Eigentums.

Bundesministerium für Wirtschaft und Technologie – BMWi, Monatsbericht 03/2008.

Bundesministerium für Wirtschaft und Technologie. (2009). Broschüre – Die volkswirtschaftliche Bedeutung geistigen Eigentums und dessen Schutzes mit Fokus auf den Mittelstand.

Bundesministerium der Finanzen: Gewerblicher Rechtsschutz, Statistik für das Jahr 2012. Bundesministerium der Finanzen: Die Bundeszollverwaltung, Jahresstatistik 2012.

Cohausz, H. B., & Wupper, H. (2010). *Gewerblicher Rechtsschutz und angrenzende Gebiete*. Köln: Carl Heymanns.

Fussan, C. (2010). *Managementmaßnahmen gegen Produktpiraterie und Industriespionage*. Wiesbaden: Gabler.

Gesetz zur Verbesserung der Durchsetzung von Rechten des geistigen Eigentums vom 7. Juli 2008.

Hintze, M. (2007). *Die Problematik der chinesischen Produkt- und Markenpiraterie: Das Marken- und Urheberrecht in Deutschland, China und auf internationaler Ebene*. Saarbrücken: VDM Verlag.

Hoffmann, K. (2009). *Diplomarbeit – Produktpiraterie in der Investitionsgüterindustrie*. Norderstedt: Grin.

Markengesetz vom 25. Oktober 1994, zuletzt geändert durch Art. 16 G v. 31.8.2013 I 3533 (BGBl. I S. 2897).

Markenverordnung vom 11. Mai 2004 (BGBl. I S. 872), zuletzt geändert durch Artikel 3 der Verordnung vom 2. Januar 2014 (BGBl. I S. 18; BlPMZ 2014, 34).

Organisation for Economic Cooperation and Development – OECD. (2008). Bericht – The economic impact of counterfeiting and piracy.

Patentgesetz in der Fassung der Bekanntmachung vom 16. Dezember 1980 (BGBl. 1981 I S. 1), das durch Artikel 1 des Gesetzes vom 19. Oktober 2013 (BGBl. I S. 3830) geändert worden ist.

Rinnert, S. (2008). *Die Verhinderung von Produktpiraterie*. Köln: Bundesanzeiger.

Schuh, G. (2011). *Technologiemanagement*. Heidelberg: Springer.

K. M. Grigori, *Prävention und Bekämpfung von Marken- und Produktpiraterie*,
DOI 10.1007/978-3-658-05459-5, © Springer Fachmedien Wiesbaden 2014

Sokianos, N. P. (2006). *Produkt- und Markenpiraterie, erkennen, vorbeugen, abwehren, nutzen, dulden*. Wiesbaden: Gabler.

TCW Transfer-Centrum GmbH & Co.KG. (2007). *Forschungsbericht – Plagiatsschutz, Handlungsspielräume der produzierenden Industrie gegen Produktpiraterie*. München: TCW.

Verordnung (EU) Nr. 608/2013 des Europäischen Parlaments und des Rates vom 12. Juni 2013.

VDMA Arbeitsgemeinschaft Produkt- und Know-how-Schutz. (2012). *Umfrage zur Produkt- und Markenpiraterie*. Frankfurt a. M.: VDMA.

Verhasselt, J., Nickolay, B., & Krüger, J. (2006). *Wahrnehmung von Marken und Produktpiraterie und Akzeptanz technologischer Schutzinstrumente*. Berlin: Fraunhofer-Institut.

von Welser, M., & Gonzales, A. (2007). *Marken und Produktpiraterie, Strategien und Lösungsansätze zu ihrer Bekämpfung*. Weinheim: Wiley-VCH.

Zentralstelle Gewerblicher Rechtsschutz, Statistik 2012.

Sachverzeichnis

K. M. Grigori, *Prävention und Bekämpfung von Marken- und Produktpiraterie,*
DOI 10.1007/978-3-658-05459-5, © Springer Fachmedien Wiesbaden 2014

The manufacturer's authorised representative in the EU is Springer
Nature Customer Service Centre GmbH, Europaplatz 3, 69115 Heidelberg,
Germany. If you have any concerns regarding our products, please
contact ProductSafety@springernature.com

Printed and bound by CPI Group (UK) Ltd, Croydon, CR0 4YY
28/04/2026
02098533-0001